天工开物

科技的百科全书

蔡仁坚　蔡果荃——编撰

九州出版社
JIUZHOUPRESS

图书在版编目（CIP）数据

天工开物 ： 科技的百科全书 / 蔡仁坚编著. -- 北京 ： 九州出版社, 2018.12

ISBN 978-7-5108-7803-9

Ⅰ. ①天… Ⅱ. ①蔡… Ⅲ. ①农业史－中国－古代②手工业史－中国－古代 Ⅳ. ①N092

中国版本图书馆CIP数据核字(2019)第004099号

天工开物：科技的百科全书

作　　者	蔡仁坚
责任编辑	李黎明
出版发行	九州出版社
地　　址	北京市西城区阜外大街甲35号（100037）
发行电话	(010)68992190/3/5/6
网　　址	www.jiuzhoupress.com
电子信箱	jiuzhou@jiuzhoupress.com
印　　刷	三河市兴博印务有限公司
开　　本	787毫米×1092毫米　32开
印　　张	9
字　　数	180千字
版　　次	2021年6月第1版
印　　次	2021年6月第1次印刷
书　　号	ISBN 978-7-5108-7803-9
定　　价	50.00元

【总序】

用经典滋养灵魂

龚鹏程

每个民族都有它自己的经典。经，指其所载之内容足以做为后世的纲维；典，谓其可为典范。因此它常被视为一切知识、价值观、世界观的依据或来源。早期只典守在神巫和大僚手上，后来则成为该民族累世传习、讽诵不辍的基本典籍。或称核心典籍，甚至是“圣书”。

佛经、圣经、古兰经等都是如此，中国也不例外。文化总体上的经典是六经:《诗》《书》《礼》《乐》《易》《春秋》。依此而发展出来的各个学门或学派，另有其专业上的经典，如墨家有其《墨经》。老子后学也将其书视为经，战国时便开始有人替它作传、作解。兵家则有其《武经七书》。算家亦有《周髀算经》等所谓《算经十书》。流衍所及，竟至喝酒有《酒经》，饮茶有《茶经》，下棋有《弈经》，相鹤相马相牛亦皆有经。此类支流稗末，固然不能与六经相比肩，但它各自代表了在它那一个领域中的核心知识地位，却是很显然的。

我国历代教育和社会文化，就是以六经为基础来发展的。直到清末废科举、立学堂以后才产生剧变。但当时新设的学堂虽仿洋制，却仍保留了读经课程，以示根本未隳。辛亥革命后，蔡元培担任教育总长才开始废除读经。接着，他主持北京大学时出现的“新文化运动”更进一步发起对传统文化的攻击。趋势竟由废弃文言，提倡白话文学，一直走到深入的反传统中去。论调越来越激烈，行动越来越鲁莽。

台湾的教育、政治发展和社会文化意识，其实也一直以延续五四精神自居，以自由、民主、科学为号召。故其反传统气氛，及其体现于教育结构中者，与当时大陆不过程度略异而已，仅是社会中还遗存着若干传统社会的礼俗及观念罢了。后来，台湾朝野才惕然憬醒，开始提倡“文化复兴运动”，在学校课程中增加了经典的内容。但不叫读经，乃是摘选《四书》为《中国文化基本教材》，以为补充。另成立文化复兴委员会，开始做经典的白话注释，向社会推广。

文化复兴运动之功过，诚乎难言，此处也不必细说，总之是虽调整了西化的方向及反传统的势能，但对社会普遍民众的文化意识，还没能起到警醒的作用；了解传统、阅读经典，也还没成为风气或行动。

二十世纪七十年代后期，高信疆、柯元馨夫妇接掌了当时台湾第一大报中国时报的副刊与出版社编务，针对这个现象，遂策划了《中国历代经典宝库》这一大套书。精选影响国人最为深远的典籍，包括了六经及诸子、文艺各领域的经典，遍邀名家为之疏解，并附录原文以供参照，一时朝野震动，风气丕变。

其所以震动社会，原因一是典籍选得精切。不蔓不枝，能体现传统文化的基本匡廓。二是体例确实。经典篇幅广狭不一、深浅悬隔，如《资治通鉴》那么庞大,《尚书》那么深奥，它们跟小说戏曲是截然不同的。如何在一套书里，用类似的体例来处理，很可以看出编辑人的功力。三是作者群涵盖了几乎全台湾的学术菁英，群策群力，全面动员。这也是过去所没有的。四，编审严格。大部丛书，作者庞杂，集稿统稿就十分重要，否则便会出现良莠不齐之现象。这套书虽广征名家撰作，但在审定正讹、统一文字风格方面，确乎花了极大气力。再加上撰稿人都把这套书当成是写给自己子弟看的传家宝，写得特别矜慎，成绩当然非其他的书所能比。五，当时高信疆夫妇利用报社传播之便，将出版与报纸媒体做了最好、最彻底的结合，使得这套书成了家喻户晓、众所翘盼的文化甘霖，人人都想一沾法雨。六，当时出版采用豪华的小牛皮烫金装帧，精美大方，辅以雕花木柜。虽所费不赀，却是经济刚刚腾飞时一个中产家庭最好的文化陈设，书香家庭的想象，由此开始落实。许多家庭乃因买进这套书，而仿佛种下了诗礼传家的根。

高先生综理编务，辅佐实际的是周安托兄。两君都是诗人，且侠情肝胆照人。中华文化复起、国魂再振、民气方舒，则是他们的理想，因此编这套书，似乎就是一场织梦之旅，号称传承经典，实则意拟宏开未来。

我很幸运，也曾参与到这一场歌唱青春的行列中，去贡献微末。先是与林明峪共同参与黄庆萱老师改写《西游记》的工作，继而再协助安托统稿，推敲是非、斟酌文辞。对整套书说不上有什么助益，自己倒是收获良多。

书成之后，好评如潮，数十年来一再改版翻印，直到现在。经典常读常新，当时对经典的现代解读目前也仍未过时，依旧在散光发热，滋养民族新一代的灵魂。只不过光阴毕竟可畏，安托与信疆俱已逝去，来不及看到他们播下的种子继续发芽生长了。

当年参与这套书的人很多，我仅是其中一员小将。聊述战场，回思天宝，所见不过如此，其实说不清楚它的实况。但这个小侧写，或许有助于今日阅读这套书的大陆青年理解该书的价值与出版经纬，是为序。

【导读】

古人的科技成果大观

蔡仁坚

在这套修订版《中国历代经典宝库》里，《天工开物》是唯一的一本记述传统科学技术的书。就以这套书来说，以往我们所知道的传统文化的内容，是哲学、文学和政治经济，《天工开物》在这套书里也只占六十分之一而已。这本书，一方面可以说是传统疏忽科技典籍，亦为中国经典宝藏的突破；一方面也可以说，在谈论中国文化的时候，已不能再将科技摒除在外，科技和所有其他的人文知识一样，都是我们传统文化里珍贵的宝贝。

中国历代经典书籍，被全面整理、注释甚至全译的所在多有。而在国内除了少数几本专业性、理论性极高的古典医药书籍，如《内经》《难经》外，尚未见有传统科技典籍被整部地整理、译绎。选择《天工开物》作为突破传统的择录经典习惯，是有相当的代表性。因为，这本明代的科技百科全书，内容范围相当广而且相当实用，是总结中国近古时期生产技术的百科全书；全书的著作态度严谨，而且所记所录的内容正确性极高，是中国科技史上不可多得的经典！

万历十五年（1587），如历史学家黄仁宇所说的，是大历史里“平平淡淡的一年”，却面临“必须改革创造之际，不可能避免一个地覆天翻的局面。”这一年，距离地覆天翻的明清鼎革还有五十七年，本书的作者，奉新宋应星（长庚）先生于焉诞生。

万历以后的晚明时代，原本是一个在思想文化、文艺创作、科学技术都卷起千堆波澜，带来地覆天翻的启蒙时代：

具有独立思考的浙东学派，在朱（熹）、王（阳明）共天下的理学国家意识形态下解放出来，实理实学思潮浸润了数代的菁英分子。

人口增殖快速，社会压力大增。而自宪宗至熹宗（1465—1627）一百六十余年间，皇帝不理国政，国家机器松懈，经济商贸得以大肆扩展，商人阶层兴起，白银通货及繁多商品流畅全国。正如奉新先生在《天工开物》序里说的：“滇南车马，纵贯辽阳；岭徼宦商，衡游蓟北。为方万里中，何事何物，不可见见闻闻。”商业城镇快速兴起，城市消费及社交生活，日趋多元精彩，庙会节庆，娱乐旅游；甚至诗酒之会、演讲活动皆盛行，促成风俗流变，也有市民意识的萌芽。正是这个时候，四大奇书之首《金瓶梅》以横空出世之姿突然出现，这是偶然的吗？

更奇特的，这漠视启蒙的时代，令人难以置信地，在四十年间诞生了具有科学革命性质与力量的几部科技巨著：李时珍的

《本草纲目》(1596)、茅元仪的《武备志》(1621)、徐光启的《农政全书》(1629) 和宋应星的《天工开物》(1637) 这四部巨著，皆实用性强，而且不约而同地，竟都是专业领域以总结性、百科全书式的大格局型态问世。我们在品读《天工开物》之余，也不禁盼望能有历史学家为我们解惑，这段末世启蒙为何、如何出现多部科技巨著，在明亡清兴巨大的兴亡教训中，这历史课程如何解读?

其实不只科技领域，同样在这段末世启蒙时期，文学领域里也有冯梦龙集大成，纂辑了古今小说，把六百年来流传民间的白话小说，精挑细选、去芜存菁，编写出“三言”(《喻世明言》《警世通言》《醒世恒言》，1624—1627)，百科全书现象是末世启蒙的回眸吗？然而，才刚启蒙就被救亡的紧迫危机淹没了。

而这尚可称之为尝试性和第一本的普及版《天工开物》，要以如下的面貌出现在您的面前。这本书的译述处理，体例上和原书颇有出入，内容上则经过现代化的整合 (详见第二章)。由于一般性地对传统科技的陌生，我们以第一章《来认识中国传统科学与技术》，使您以最短的时间，能够约略了解传统科技的特性和粗浅的历史背景。又由于生产技术与社会政治经济背景密不可分，我们以科技史学里的“外在论”观点，引领您“来认识《天工开物》的时代背景”。每个分科技术，我们也都不忘做该分科的一个史的介绍，一则使朋友们对中国农业技术史、金属技术史、纺织技术史、陶瓷技术史有初步的、整体的印象；一则把《天工开物》的记述，放到更长、更大的历史格局里，给它一个历史定位。

最后必须说明，约六十年前，日本的科技史重镇，京都大学人文科学研究所，在科技史大师薮内清的主持下，对《天工开物》作了集体研究，结成《天工开物之研究》一书（这本书在1956年，由苏芗雨等人译成中文）。借助这个研究成果，使我们译述《天工开物》有极大的方便。毕业于阳明医学院的舍弟蔡果荃（后又赴美攻读博士），承担了本书第三、七、八、九、十章的整理和执笔工作。

希望，以后会有更多类似的机会，对我们的传统科技，作更详细、更深刻的集体研究，以有助于中国人自“自强运动”以来念念于兹的科学本土化运动！

这本书经三十年后重新要出版，三十年间家国沧桑，谨以此末世启蒙的反思与读者共勉思。

目　录

第一章　来认识中国传统科学与技术

一、小引

《天工开物》是明朝末叶江西人宋应星所写的一本关于科学技术的书，书刊于崇祯十年（1637）。内容遍及：作物栽培及病虫害、农业机械、水利工程、食品化学、纺织工业、兵器及造船工业、金属冶炼、陶瓷技术和其他手工艺与轻工业，等等。

作者宋应星，经长时间的搜罗和观察，忠实地记录了他那个时代所能见及的大部分农工业生产技术，其中，固然有时代性和地方性技术的特色，却也承袭了中国千百年来一脉相传的技术传统（尤其是农业、水利技术）。这本书可以说是总结中国近古时期生产技术的百科全书！

我们今天走进《天工开物》的世界里，就好像可以浏览到中国近古以及尚可溯至中古甚至上古的许多传统科学技术。而在进入《天工开物》的世界之前，我们也须先获得一些背景资料，才能真确地认识到《天工开物》所显现的意义。

《天工开物》是中国科技史上不可多得的宝典巨构，因此，对于中国传统科技史，我们也应该有一些一般性的了解，连带地，对于近代以及当代如英国李约瑟等学者在中国科技史上的研究成果，也应有一些知闻。从而，我们也从《天工开物》的遭遇，可以印证中国传统科技的许多特性。借着《天工开物》的阐明，或许可以为我们的文化宝藏增添一份宝贝！

二、你曾听过有一本古书叫《天工开物》的吗？

我们中国的文化很深厚，我们中国的文化遗产很丰富，从两千多年前起，一代接一代，有许多的书籍汇入我们传统的经、史、子、集四大图书分类，而累积了多样的、出色的、久远的文化内容。这许多古书，经过时空的考验，经过抉择、发扬，有的成经成典，有的流行，也有的被冰存。我们所熟悉、耳熟能详的像四书五经——《论语》《孟子》《中庸》《大学》《诗》《书》《礼》《易》《春秋》，如《老子》《庄子》，或者《史记》《汉书》《资治通鉴》，或者《西游记》《水浒传》《三国演义》。还有其他我们不熟悉，或根本陌生的，虽然经过历史岁月的淘汰，虽然很多好书也遗失了，但仍然有这么多的古书成箩成筐地遗留下来！

从初中的语文教科书开始学起，我们在课内课外，也读过一些古文，知道一些古书，但是可曾熟悉或者听过：《考工记》《神农本草经》《齐民要术》《九章算术》《参同契》《抱朴子》《灵宪》《诸病源候论》……这样的书？你可曾听过有一本书叫《天工开物》？

这些书和许多其他的古书一样，书名佶屈聱牙，有的看起来似乎深奥难解，但是即使文言有点晦涩，我们一听到《论语》，也知道这是本记载儒家宗师孔子的语录，教人治学、修身、政治的道理；听到《老》《庄》，便知道这是两本深奥玄妙的道家哲学书；听到《诗经》，也能知道那是本描写周朝人民各种生活情态的诗集。这些古书成经成典的，我们多少还存有点概念，多少知道它们是说什么的。但是，对于什么《参同契》《齐民要术》《难经》《洗冤录》……这样的书，我们脑海里可没有什么印象，它们是讲什么的？

有些古书教给我们生命的哲理、宇宙的玄奥；有些古书教给我们文学的优美，发抒人类的感情；有些古书教给我们为政的道理、经济的把握。而这些书不是讲文学的，不是讲哲学的，也不是讲政治经济的，它们竟是讲科学技术的！属于人文的学问，有些历久弥新，能确实有用，有些虽然时空落伍，总有历史价值；而这些经过几世纪、十几世纪、二十几世纪的科学技术老古董，能带给我们什么呢？

但是，在思考“能带给我们什么”这个问题之前，我们还有好多的疑问。

也许我们一向还不知道，古时候中国的书也有讲科学技术的，科技不是来自西方的舶来品吗？1925 年的时候，有位著名的哲学家冯友兰，不是认为中国没有科学，写了一篇有名的《为什么中国没有科学？》（收入冯友兰《中国哲学小史》）吗？

我们对于一般文史哲的古书还略有所知，为什么独对有关科技的古书如此陌生？为什么世世代代的人们都在传诵《论》《孟》《老》《庄》《史记》《通鉴》，乃至《聊斋》《红楼》，而《天工开物》之类的书却少有听闻？

三、模糊的典范

我们从小就知道“科学”，在那瓶瓶罐罐的实验室里，我们也渐渐知道科学所代表的力量，可以由此富强，由此救国。而我们所知道的“科学”，仔细地注意一下，也会发现，不论是化学方程式、物理公式、微积分方程式，或医药名词……都是用英文字母和一些古希腊罗马符号，在演算或叙述。中国的物理、化学、数学教本，可以说是美国教材的编译本；大专校园里不论是自然科学、应用科学，大量地使用原文教科书。不论是科学的语文或内容，都几乎使我们毫无保留地、直觉地以为“科学”是贴着外国商标的舶来品。我们可能长久以来即存在着二分的观念，把科学技术的文明归给西方，把精神性的文明归给中国。不是吗？我们所习称的中国文化是音乐、是舞蹈、是艺术，似乎找不到可以和科学扯上关联的。

真是这样吗?

让我们来回忆一下近代中国接受西方科技的一些历程，或许就可了然于为什么中国人不认识属于自己的、包涵于中国文化里的科技文明。

约四百年前，以利玛窦为首的西欧传教士，开始来到明代的中国，这是近代西方科技文明大量输入中国之始。

和以往的任何朝代一样（如汉、唐、宋），中西文化的交流，是自发性的、是互惠的、是具有进步性的交流。举一个例子，当时的大学者、也是利玛窦的大弟子徐光启（1562—1633），就写了一部达七十万言，足称中国有史以来最完整的农书，将中国历代的农业技术知识，和当代西洋传来的知识汇集一堂，书名《农政全书》；他也编译了西洋传来的水利工程知识的《泰西水法》，和欧几里得的《几何原本》。也就是说，这时候从事科技研究的学者，知道中国传统的一套科学技术，也虚心学习西洋传来的另一套科技。

和以往的任何朝代不一样，明朝是中国空前的君主专制政治之始。以八股取士，以宋儒的解说为考试的标准答案。和外国交流也倒退到闭关自守。降至有清，倒退、反动更是变本加厉。这与同时代锐意进步的西方文明比，反向的差距愈来愈大。于是，道光二十二年（1842），西方资本帝国主义东进政策下发动的鸦片战争一役，中国被迫打破锁国的状态，也才开始警觉“船坚炮利”所将加诸其身的危机。

此后，便是近代中国一连串适应西方科技文明所带来挑战的改革运动。

从保守的“西学源自中国说”派，到较进步的洋务派，还有调和折中的“中学为体，西学为用”。中西文化的冲突，使中国人从器物技能的模仿，到政治、经济、社会制度的模仿，陷入一段颇为长期的挣扎。

西方的“科学革命”，是科学本身带动的革命，是伽利略、牛顿、达尔文等一连串伟大的发明、发现所领导的。中国“寻求科学的革命”，却是因为民族的生存受威胁、国家的尊严受侮辱而激起，是由政治家领导的。政治家领导的科学革命，就是一部中国近代科学技术史。因为，这一百多年来，中国人没有重要的发明，争执、学习、模仿成为这一段历史的主要课题。

漠视科学技术，早就是我们传统中国的一种根深蒂固的文化习惯（这点我们在下一节再稍详细讨论）。再经过如此排山倒海而来的冲击，传统社会里，尚存一息的科技慧命，便几乎要断了气。即使勉力去调和中西冲突的“中学为体，西学为用”，也只是说到器物的表象，和政经制度，而一点都不曾触及中国科学自身。以至于经过鸦片战争、洋务运动、变法运动、革命运动、五四运动，乃至“科学与人生观”论战后的中国人和中国文化，都几乎毫不了然于中国科技传统的存在。

物极必反，渐渐也有受过西方科技文明洗礼的科技工作者，看到了蕴藏在传统文化里丰富的、生动的、被遗忘的科技传统，而从事寻根的工作。章鸿钊之于地质学，李俨之于数学，张子高、李乔苹之于化学，王吉民、李涛、余云岫之于医药学，竺可桢之于气象学……而最令人感动的是，抗战时期主持重庆“中英科学联络处”的英国学者李约瑟，结合了中国学者王铃、鲁桂珍等人从事长期的、深入的、整体的《中国之科学与文明》的研究著作。特别是由于后者，使我们今天总算尚能一窥中国传统科技的全貌，也经由他们的努力，世人乃能正确地认识中国传统科技对于世界科技史的贡献！也使一百多年来，长久处于中西文化冲突的噩梦里的炎黄子孙，重新认识了中国文化里所蕴涵的科技文化！

一个模糊的典范——中国传统科技，在近代中外科技史家的努力下，逐渐明朗起来！

四、中国有没有科学

在我们进入《天工开物》的世界之前，如果不了解科技在传统文化里的地位，我们就无由了解《天工开物》在中国失落的遭遇；如果不了解科技从事者在传统社会里的地位，也就无由了解《天工开物》作者宋应星的寂寞；当然，我们如果不了解《天工开物》具有现实观点的历史价值，也就无由了解中国传统科技复苏的意义。

从近代史的角度来看，很多人看不到中国文化里也包含有科技文明，很多人否认中国拥有科学。要解答前述的问题，我们先来看一看“中国有没有科学？”这个最基本的问题。

中国有没有科学？

1925年，北京大学著名的哲学家冯友兰，在英文的《国际伦理杂志》，发表了一篇题名为《为什么中国没有科学？》的文章，说“中国没有科学”！很多人普遍认为中国的重大发明，像纸、火药、印刷术、指南针只是几个突出而零落的发明，中国并没有成系统的科技文化。

回顾一下在中西文化冲突调适的过程，科学技术无可否认是一个最重要的主角。但是在数次重大的文化、改革运动中，有许多讨论对待传统文化的态度，却很少有触及传统科技。

1919年的“五四运动”，是一个“整体性的反传统主义”的新文化运动，是一次文化革命，所以是破坏性的价值大过建设性的价值。虽然“德先生”（民主）和“赛先生”（科学）是其中的两大主角，但所指的“赛先生”是纯粹的西方科学。这个运动中的前进者如胡适、陈独秀、李大钊等，或保守者如林纾、梁漱溟、章炳麟等，没有任何人触摸到中国文化里的科技传统。

发生于1923年的“科学与人生观”论战，一边是主张科学万能的“科学主义”者，一边是西洋科学、物质文明破产论者。这次的论战基本上是唯心论对唯物论，唯心论倾向于所谓的精神文明，唯物论倾向于所谓的西洋物质文明。这不是一次有意义的论战，结果是科学主义者得到表面上的胜利，对于如何接受科学、如何对待传统也没有任何有意义的讨论。

1931 年的社会史论战，和历次的文化运动一样，都是要解决一个老问题，就是中国的前途，由对中国社会史的讨论，来确定当代中国社会的性质。这个讨论原本可以为中国有没有科学求出一个贴切的答案，因为，社会史不能脱离生产力和生产技术而论，但是，由于这个论战是马克思主义者，为支持其论点而发的，偏重于讨论生产关系和生产分配，对于中国的传统生产技术，只有零散的引证，没有真正地触及。

1935 年的中国本位文化建设宣言，这是一个经过长期分歧的讨论后，由国民政府发动的一次心理建设文化运动，主张以中国本位，要求“此时此地的需要”，而“中国此时此地的需要就是：充实人民的生活，发展国民的生计，保障国家的生存”（见发表宣言之十位教授的《我们的总答复》），这次讨论偏重现实的检讨，少有触及历史问题，但是“中国本位”是很正确的文化态度，如果早有这个觉悟，中国亦不会在自强运动、五四运动的泥沼中痛苦挣扎。

我们了解了这百十年来，中国在中西文化冲突中，痛苦挣扎的过程，我们才会了解为何我们的中国科技史研究远落于外人的研究，在文化的不连续传承下，我们老祖宗在科技上的成果，和许多国宝一样，在国人的不知惜下，在帝国主义入侵者的劫掠下，流失在海外。“礼失而求诸野”竟是这样一个令人痛心的解释吗？

中国有没有科学？答案是肯定的。

好像一个衰败的世家，子孙们守着残破的院舍，不知道家里还有遗留的宝物，而忙着向外讨生活，一直要等到家境稳定了，他们才有余裕去回味昔日光辉的家风，而几位灵巧的子孙，终于翻出了家里尚残存的宝物。

五、中国古代的科学

中国有科学，那么，中国科学到底是怎样的一个面貌？为什么我们知道得这样少？

这个问题牵涉面很广，可以说，牵涉整个中国文化的解释。例如，是什么社会背景、经济因素、地理气候环境及其他因素，塑造了科学技术在中国文化里的面貌。在这里，我们只能作简约的说明。

经过春秋、战国的纵横交战，和百家争鸣的盛况，以耕战立国的秦统一了中国之后，一方面初步确定了中国的版图，和中国民族的组合基础；一方面在长城线以南的耕地上，确立了有别于游牧移动的固定性农业社会结构。为了主观上大一统政府统治的方便，也为了客观存在的地理、人文环境的顺应发展，秦始皇乃在琅邪勒石，明告天下：重农抑商。这标志了以农业生产为经济基础的中国文化的成熟。从此，经过了汉的独尊儒术、唐的科举制度，中国文化里的泛政治主义和官僚制度，根深蒂固了，政治主导了一切，主导了社会价值观念。

中央集权的官僚制度，集合了王室、氏族、领兵者、儒士、官吏等，成为一个保守、顽强的大统治团体，以这主体力量而活跃的历史活动，我们暂称之为“大传统”，而我们若概略地观察中国历史中的科技活动，即不难看出中国科学的社会基础，是属于比较下层次的。方伎之士、医、农、艺匠、百工，这些实际贡献中国科学的功臣，历代都只活跃于民间的“小传统”（相对于统治团体为中心的“大传统”），可以说，小传统在历史文化中的命运，差不多即是科学技术的命运了！那么，这是一个什么样的命运呢？

包括科学技术在内的“小传统”，在历史文化中，也是经过许多的演化，才陷于最后的、绝对的无力。像先秦时代最重视科技、也最有科技成就的墨家，曾经是当时的“显学”。但在政治取得绝对优势、统治术日趋高明，和儒家成为独尊的过程中，科学技术和其从事者，逐渐被贬入一个尴尬的境地。

农耕、占星、测量、建筑、水利工程、兵备、运输……这些社会的经济活动，也是统治者绝对必需的，都要运用科学技术和人力。但这些物质发明、生产技术是“末技”，是“淫巧”，非但不能登大雅之堂，还可能因而犯了死罪，《周礼·王制》说：“以奇器、奇技惑人者，杀。”情形变得很矛盾，于是便把科学技术排出教育、考试的大门之外（唐朝国子监内设算学科是少数的例外），除了用于国家必要的建设外，便只有请入宫廷、门阀内利用、享受了。虽然，历代有小部分的科技工作者，晋入官僚系统，而实质上，小传统和大传统之间的确有一道鸿沟存在着，统治阶层对于科学技术是既爱又害怕地矛盾着。

因此，我们可以知道，传统中国的社会，并不是孕育科学的良好环境。但尽管环境是这么不利，“格致”之学仍然奇葩迭起。根据许多中外学者已知的研究成果，事实说明，在西方工业革命以前，中国也有过很辉煌的科技文明。

像华佗的外科医学，及缜密辩证的中国医学；二千年一脉相承严谨而优秀的中国药物学——《本草纲目》；张衡的世界第一部地震仪“候风地动仪”；悠久而正确的天文记录，精确而实用的天文仪器；前导西方化学进步的中国炼丹术；领先世界甚多、甚久的钢铁冶炼技术和陶瓷技术；在世界数学史占重要而光荣地位的汉代数学、宋代数学；改变历史的四大发明：火药、造纸术、指南针、印刷术；丰富进步、具有高度生产力的农业科学；精致、坚固、合理的建筑技术，等等。

这些进步的、丰富的中国传统科技，是全人类共同拥有的资产，在历代不绝如缕的中西文化交流中，丰富了整个世界的科技史。编撰《中国之科学与文明》（*Science and Civilization in China*）的英国学者李约瑟曾说过：

“……欧洲在公元后的一千四百年当中，从中国方面所取得的技术，如此之多……

“……或许在通盘检讨之后，欧洲借助于中国的，恐怕可以媲美那些由传教士传入中国的科学与技术……”

中国传统科技史的研究方兴未艾，当然，再也没有人能说：“中国没有科学。”而我们一般的中国人，对这些传统科技文化似乎还缺少认识。近年来，国内的一群年轻朋友在从事中国科技史的研究和传播工作，假以时日，必能让我们更全面地认识自己的传统之文化，更深刻地认识我们的传统科技文明。

六、中国古代的科学家

要认识中国传统的科技史，不能偏离那些科技的作者，即科学家。

同样的，我们对中国历史上的哲学家、文学家或其他伟人，都很熟悉，孔子、孟子、庄子、李白、杜甫、朱熹、王安石、李鸿章……大家多少都知道他们的事迹。谈起世界上伟大的科学家，我们也能不假思考地举出：牛顿、哥白尼、伽利略、爱迪生、瓦特……但我们对中国古代的科学家，也和对传统科技一样，比较陌生。

在一个视科学技术为“末技”“淫巧”的传统社会里，科学从事者，当然普遍地没有受到好的待遇。科技的作品比科技的作者容易流传得长久。基本上，不论是作品或作者、事件或人物，都具有不连续的性格。所谓“不连续的性格”，就是传承中断，造成“绝学”。考察历代中国科学发明的作者们，可以发现，有许多发明是一些无名英雄长期钻研的；有许多作者连事迹、姓名都不可考；有许多则仅存姓名；只有不太多的几位，我们有幸能追查他们的出身。他们之所以能名垂千古，有的是因为极突出的伟大发明，有的则是因为他们尚能合于以“外王内圣”为标准的史书，借着正规的表现，而留下了鸿爪。

“不连续的性格”正是中国传统科技史最重要的特色之一。中国人喜欢说一句成语“祖传秘方”，充分说明了这种性格。

“祖传秘方”原意是指治病的药方，我们就以此来观察中国传统科技的不连续性格的前因和后果。

一个有效的药方被发明出来以后，发明者会将它传授给谁呢？最有可能的，当然是他的子孙或其他家族成员，因为在漠视奇技淫巧的传统社会里，医药之学处于正统与非正统，欢迎与摒斥的过渡，它不是科名仕宦的正道，但也有机会上可邀宠、济世，下可得名获利。在这尴尬的地位中，医药的学问不需也不必公开，但不妨传诸子孙，于是一代、二代、三代，“祖传秘方”单线流传。翻开中国医药史，有名可稽的著名医药学家，大部分我们都可以发现到他们医药成就背后的家庭师承的背景，甚至不乏像八代名医的徐之才，二十八世医的何其伟，传承数百年不绝如缕。但毕竟这种单线流传是极其脆弱的，往好的一方面发展，可能由于效验和持有者较开放的缘故，而能流传开来，成为民间验方，或进一步公开成为百世不移的名方；往坏的一方面发展，几乎随时都可能断线、湮灭、消失。即使是成为验方的流传，也可能是不连续的，一种传承会被另一种流行取代，或许相隔数百年后，它才又重新被发现，肯定其价值。江山代有人出，旧的祖传秘方遗落，新的祖传秘方又滋生。

介于正统与非正统之间的医药之学是如此，那么，居于非正统、受排斥地位的工艺之学，其不连续性格更甚了。包括机械、炼丹化学、土木工程等，这些泛称为工艺的，其传承也常受阻于“祖传秘方”。例如三国时代马钧发明“指南车”，仅不过数十年，后秦的令狐生、北魏的郭明善就再也做不出来了；“候风地动仪”自从汉朝张衡做成以后，历史上就仅存其名而已。工匠有所谓心法，虽是手脑各有巧拙，但秘方不足为外人道，后人追述起来，往往需历千辛万苦，甚至徒呼负负而不能自已。至于较具正统地位的天文历算，不连续的情况虽较好，但宫墙又往往把这些学问隔绝在民间之外，有关书籍、器物藏于“秘府”，墙内流传有限，墙外视之亦似高不可攀及的秘方了。

在整个中国科技史上，只有唐朝在取仕上立算学科、置医学科，宋朝立医学，掌历算之太史则历代都有，这些才能有公开的传授，因此，绝大部分的科技传承是来自父子家族相传，少部分来自师徒相授。而中国传统的师徒关系，亦是家族化、伦理化了的，不但私塾、私馆中是如此，官学中亦莫不如此。这和格物致知乃至修身齐家，内圣外王的传统观念是相一致的。

价值观念、社会经济环境、政治官僚系统，造成了中国人对待“奇技淫巧”的矛盾态度，也造成这种特殊知识的传承关系。

因此，这类“巫、医、乐师、百工之人”，有些人在广大的国土中，消失于一隅；有些人在经过漫长时间的淹没后，才又奇迹般被后代识者重新发现，而发扬其遗绪；只有极少数的科学家，其生平和著作被比较完整地保存下来。今天我们比较容易认识的华佗、张衡、祖冲之、沈括、宋应星、李时珍，都是属于后者。等我们讨论到《天工开物》宋应星的生平背景，便可深一层了解，一个在中国科技史上境遇尚佳的中国古代科学家，他的平生遭遇如何？有了上述许多中国传统科技史的准备知识，我们开始进入《天工开物》的世界了！

第二章 《天工开物》概述

一、初识《天工开物》

三百七十多年前，时当明朝末年崇祯时代，在江西地方一位做过官的学者宋应星，把编写了十数年的《天工开物》付梓刊行。

这本书在明末的中国，只刊印了二次，而且刊印的数量很少，并不普及，但反而流传到了日本，却流行起来。从明以后，有很长一段时间，甚至中国人都不知道有《天工开物》这本书，甚至明刊本的《天工开物》也在中国佚失了，反而要求之于日本。正如日本大学者、也是研究科技史的大师薮内清所说："明末刊行的《天工开物》，在中国，自刊行后，除曾被二三书籍所引用外，完全逸失。而在日本，却反而有莫大的影响。"

为什么《天工开物》会流落异乡三百多年？《天工开物》到底是怎样的一本书，为什么在中国失传，却反而流行于日本呢？

这本书虽书成于明末，但包罗万象的生产技术的记录里，有很多是已传承千百年的技术知识，在西学大量涌入明末的中国以前，这是一本综合当代以及近古、中古传统科技的科技百科全书。不但如此，在中国传统科技史上，记录生产技术的专书原来就不多见，《天工开物》不论就质或就量上，都是极为突出的代表性经典。

我们且就《天工开物》先作一番粗略的巡礼。

全书分上、中、下三卷，共有十八篇，依次是：

1. 乃粒（各种主粮的栽培、水利、灾害）

2. 乃服（丝、棉、裘各种质料的培育、织造）

3. 彰施（织物用的色料生产及染色技术）

4. 粹精（各种主粮的加工技术）

5. 作咸（海、池、井等盐类的制造生产）

6. 甘嗜（从栽培到制糖的生产技术）

7. 陶埏（砖瓦、陶瓷的生产技术）

8. 冶铸（铜、铁金属的铸造技术）

9. 舟车（各式车、船的制造技术）

10. 锤锻（各种铁质生产工具的锻造技术）

11. 燔石（各种矿石的采取、生产技术）

12. 膏液（各种食用油、工业用油的制油技术）

13. 杀青（造纸技术）

14. 五金（金、银、铜、铁、锡、铅的制炼技术）

15. 佳兵（兵器及火药的制造生产技术）

16. 丹青（文书用的各种色料、墨的制造技术）

17. 曲蘖（酿酒技术及曲类生产）

18. 珠玉（各种宝石类的采取、加工技术）

根据作者宋应星的原序，本来还有讲天文学的《观象》和讲乐器音乐的《乐律》二篇，但他谦虚地认为："其道太精，自揣非吾事，故临梓删去。"

由这样的一份内容，我们可以知道，《天工开物》已搜罗了各种重要的、和民生关系密切的轻工业的技术知识。

再进一步地去审查量的配比，我们又可以发现，有关于食品的生产技术，包括第一、四、五、六、十二、十七六篇占了最大的分量，约占全书的三分之一。其次是织物（衣服），包括第二、三两篇，约占全书的七分之一，两者加起来，约占全书的一半。由此可见传统社会科技的需求，仍以直接关系民生者为重。另外，有关于金属工业的分量，也占了将近四分之一，仅次于食品，这表示当时社会因为货币通行、生产分工细化，生产工具殷需，而对金属制品需要日增。

极为实用的一本科技百科全书，书名《天工开物》却并不是很容易让人了解。作者宋应星并没有说明书名的意义，倒是民初著名的地质学家丁文江（丁文江和《天工开物》的渊源留待后文再叙）为之作解，说：

物生自天，工开于人，曰天工者，兼人与天言之耳。

将天与工归为自然的，而物和开则属人工的。这可以这样比喻：纤维的存在是“天工”，而纺织此纤维成为布帛，便是“开物”。也就是说：天工是指相对于人工的自然力，而利用此自然力加以创造生产的人工，便是“开物”！这和中国传统科学思想是相一致的：天工是根本，顺应此而造出有利用价值的东西，才有人类技术的存在！当然，这和近代西方欲将自然从神（在中国是天）手中解放的机械论思想，是大异其趣的！

像这样一本涵盖面广的“科技百科全书”，当然作者必须要有相当的技术涵养，而且不是一时一地所能成的。我们不知道宋应星花了多少年头作成了这本书（中国的科学家，常常以一生之努力，从事研究及著作，像比宋应星稍早的李时珍，以二十七年光阴写《本草纲目》一书）。但我们可以确定，宋应星并不是专业的技术者，从他在本书卷首的序文里所说：

……且夫王孙帝子，生长深宫，御厨玉粒正香，而欲观耒耜。尚宫锦，衣方剪，而想像机丝。当斯时也，披图一观，如获重宝矣。年来著书一种……随其孤陋见闻，藏诸方寸而写之。岂有当哉？

可以看出，他这本书的读者对象，是上层社会的成员们。宋应星对于这些人似乎心怀愤慨，因为他们对于日常生活蒙受恩泽的生活必需品的生产技术，竟然无甚知道。这本书不是精深的技术指导书。但在一定程度上，它为普遍的中国传统生产技术，留下了颇为完整的面貌。

二、《天工开物》回娘家

《天工开物》在明末刊印二次后，只在清朝官纂的百科全书《古今图书集成》出现数处，和另一套官纂的农书《授时通考》引用了部分的《乃粒》《乃服》两篇，然后便完全逸失了，连抄本也不可见。

反之，在日本，除了二次正式的刊印外，尚有极多的抄本流传，也被大量地引用于十七八世纪间的日本科技书籍内，如：

贝元益轩《花谱》、官撰《大和本草》、平贺源内《物类品骘》、金泽兼光《和汉船用集》、伊藤东涯《名物六帖》、新井白石《本朝军器考》、木村青竹《纸谱》、木村善之《砂糖制作记》、增田纲《鼓铜图录》、白尾国柱《成形图说》、小野兰山《本草纲目启蒙》、佐藤信渊《经济要录》……

很明显地，正如薮内清所说："此书在整个德川时代，曾被多数人所阅读，尤其技术方面，成为一般学者的良好参考书。"

因此，民国以后，当丁文江偶然发现《天工开物》的价值，而要寻线追求的时候，在自己的土地找不到，却得千方百计地到日本去找。

这本书，可以说在中国本土失传了二三百年，却在日本流行了三百年。而相当戏剧性的，在民国初年中国新文化运动如火如荼开展的时节，由中国新科学运动的领导人之一丁文江，和他的同侪章鸿钊、罗叔韫（即罗振玉）迎回中国！

地质学，是诸多西方新科技传入近代中国，经过中国新一代科学家努力本土化后，最有成就的一门科学。这新一代的地质学家，便是丁文江、章鸿钊、李四光等一连串令我们尊敬、骄傲的名字。《天工开物》之所以能从漂流了三百年的扶桑三岛，重回大汉之家，就是他们的慧心。

1914 年，北京大学地质研究所的创办人，一位年轻、充满热情和智慧的地质学家丁文江，来到拥有锡、铜宝藏无数的云南，作地质调查旅行。

丁文江被傅斯年称为“是新时代最良善、最有用的中国人之代表，是欧化中国过程中产生的最高精华”。他留学日本、英国七年，饱受西洋文明的洗礼。然而他阔别祖国七年后，并没有堂堂皇皇地衣锦荣归，而是提着简单的行囊，选择了一条最崎岖困难的陆路：由西贡（今越南胡志明市）海防搭刚通车的“滇越铁路”进入云南。因为，他欲以所学的地质知识，来实地观察祖国的山河大地。他“每天所看见的，不是光秃秃的石头山，没有水、没有土、没有树、没有人家，就是很深的峡谷，两岸一上一下都是几百尺到三千尺”，他“用指南针步测草图，并用气压表测量高度”，而发现一份当时流行的地图，是根据康熙年间天主教士所测制的，竟然错误百出！“一条贯通云贵两省的驿道，在地图上错误了二百多年，没有人发现”。

这样一个新时代的新科学家，1914 年的第二次云南之旅，发现了一本叫作《天工开物》的古书，种下日后迎回这本中国科学史上最重要的宝典之一的契机。（底下叙述的经过，是从丁文江 1923 年发表于《努力周报》的增刊《读书杂志》上的《重印〈天工开物〉始末记》，和他为 1927 年陶湘本《天工开物》所作的跋，整理出来的。）

丁文江在云南读到《云南通志》，其中，《矿政篇》里引用了《天工开物》的冶铜法，说得很是详细，颇有真知灼见。因而 1915 年由云南回到北京来，他便想找到原书以窥全貌。但找遍书肆都无所得，寻访许多藏书家，也都说没见过这本书。后来遇见他的好朋友，也是地质学家章鸿钊，说曾在日本东京帝国图书馆，见过这本书。于是丁文江又辗转托日本的朋友就近去寻找抄录回来，久久却未接到回音。久而久之，丁文江也稍忘了这件事。

又经过六七年，丁文江迁居天津，偶然在前辈罗叔韫的聚会里，提到寻访《天工开物》的事，因缘凑巧，罗叔韫说：“这本书，我也找了三十年不能得，好不容易知道一家日本古钱肆的主人青森君处，存有这本书，用了好些名贵的古币才把这部书请回来，你既然那么喜爱这本书，就借你看看吧！”丁文江“于是始得慰十年向往之心焉”！

罗叔韫所拥有的《天工开物》是日本“菅生堂”本，于日本明和八年，中国乾隆三十六年（1771）刊行。这是个普及较广的本子。

丁文江如获至宝，将书另抄副本，并加以句读，将书稿交给商务印书馆，打算重排铅字付印，连原书的附图也已经摄影制版了。但是功亏一篑，因为“原书一部分被蛀虫咬得残缺不全，而且误植的字很多，想要再找一部不同版本的原书来校正，却苦不可得。原书的文字又很简奥，术语很多，虽然加上句读，但也常常不可解、不明白原义，想要慢慢逐一注释，并改正错误，却为纷杂的人情世故所累，作一段又停辍一段，到底最后没有成书！”(见陶本丁跋，著者将之翻译成较白话。)

1926年，章鸿钊又从日本回来了，带回来一部完整的菅生堂本《天工开物》，因此可用以校订罗叔韫藏本的残缺。但是，在丁文江工作到一半的时候，罗叔韫把他那套原书索回去。因为，武进人陶湘根据日本的另一版本“尊经阁本”和《古今图书集成》内所存的部分互校整理，已经快完稿付梓了。翌年，陶湘刊印的《天工开物》诞生，改正了菅生堂本的许多错误，原来粗劣简略的附图，也根据《古今图书集成》重新临摹。丁文江前后努力了十二三年的工作，在陶湘的专注下先行完成。(此陶湘刊本以后简称“陶本”。)

《天工开物》终于回娘家了！

此后，又有两种刊本问世。第二种刊本是1930年，上海华通书局将“菅生堂”九册本复刻刊行。

第三种是 1936 年，上海世界书局将“菅生堂本”和“陶本”比对校正，并加以标点出版。这是现在坊间最容易看到的本子。

虽然《天工开物》回娘家了，而且是在新时代杰出的新科学家们的努力下归来，一百多年来西学冲击中国甚剧，这样的一幕，不可谓不感人，是很有意义、很有建设性、代表性的一幕！

但是，我们仍有遗憾。1948 年（日本昭和二十三年），日本京都大学人文科学研究所，在薮内清的主持下，举行了为期近一年的“《天工开物》研究讨论会”。进而于隔年成立“中国技术史研究班”，前后以四五年的时间，完成了《天工开物》的翻译、解释，并进行以此书为中心的明代技术史的研究，由各科别的专家，集体以现代科技知识，作完整的阐发。今天，我们能不费力地进入《天工开物》的世界，还多靠了这个集体研究的成果——《天工开物之研究》这本书。

本土不得，传于东瀛；既返本土，炎黄子孙无所阐发，而假日人之手阐述，我们怎能无遗憾？

三、宋应星这个人

最初，丁文江们寻回《天工开物》，却对作者宋应星仍一无了解。

还好，宋应星是个符合传统价值观念“学而优则仕”的读书人，不像那些仅存其名的古代科学家无可稽考，他因为功名而留下了一些事迹。他的生平资料仅见于《江西通志》《奉新县志》《南昌府志》内的片段描述。

依有限的资料，宋应星生于万历十五年（1587），死于顺治年间（17 世纪中叶）。他生存的时代是个政局混乱的时代，复杂的国内外情势，正塑造着明帝国的命运，虽然内有伟大政治家张居正的锐意革新，稍稍扫除了积弊已久的吏治。但只是一段时间的振兴，从明神宗到熹宗、思宗，内忧外患交相侵逼，有东林党争，有李自成、张献忠的横行，有女真族在北边虎视眈眈，蚕食继而鲸吞。但从宋应星的著作里，看不到他对这些时局的任何反应。

在这样的世局下，《天工开物》的作者出身于江西省奉新县，一个官宦世家。

他的曾祖父，官最高做到都察院左都御史（大约是现在的监察委员），子孙辈中了举人或进士的有好几位。宋应星在这样典型的环境中成长，“学而优则仕”自不例外。他于万历四十三年（1615），和哥哥宋应昇一起在乡试过关及第（因此在上述的县志里，大都两人并列一传），这一年江西弟子参加乡试者，多至一万余名，其中只有八十三人及第，奉新县上榜的就只宋家两兄弟。哥哥官做得比较大、比较有名，在广东做过知府。宋应星官做得小。在江西家乡附近分宜县做了三四年的“教谕”（督学），又在福建汀州做了二三年的“推官”（法官），最后在安徽亳州任知州

（约为今之县长），总共从崇祯七年（1634）到十七年，前后过了十一年的宦海生涯。

做了十一年的地方官，宋应星辞官返乡，或许是不惯于末世政治的混乱吧！

《天工开物》刊行于崇祯十年（1637），距离他乡试中举有二十二年左右。这段时间应是他准备和撰写本书的最长年限。

在这二十多年内，他足迹所至相当广泛，《天工开物》的自序里，他说：

幸生盛明极盛之世，滇南车马，纵贯辽阳。岭徼宦商，衡游蓟北。为方万里中，何事何物不可见见闻闻？

可以见得，他是在多方地收集各地方科学技术的各种流传。因此，《天工开物》里，不论农业技术、纺织技术或冶矿技术，内容涉及全国各地，但也无可避免地，作者以熟悉的故乡为主。

宋应星的家乡江西，是个物产富饶的地方，自古以来，各种产业包括农业、矿业、轻工业，都很发达。像萍乡的煤矿，除东三省外，无可匹敌；像景德镇的陶瓷工业，已数百年执全国之牛耳；像制纸业（在民国初步的统计，生产量占全国的五分之一）等，是其中较著名的。

大地是历史的舞台，江西的一般性产业是宋应星写《天工开物》的基础；江西的特殊性产业，则成为《天工开物》里较具地方特色者。例如以农业言，中国以农立国，农业发达普及中国各地，大体上，北方和南方有一些不一样，《天工开物》里有关农业的部分，也秉承了中国农书自古以来的传统，言之颇详，遍及南北。而江西有特殊经济作物如蓝靛、菜、栌油、桐油、苎麻等，使得宋应星对这些作物的描述更深入而具特色。

如前所述，我们对于宋应星所知不多，仅从三种地方志和《天工开物》的序文略知一二。他的家人，他的其他生平事迹，和历史上许多的科学家一样，一起淹没在历史的洪流里！

第三章　来认识《天工开物》的时代背景

一、前言

在上一章里，我们已经了解中国古代科学在中国历史上的地位、对人民生活的意义、中国科技发展的历史背景、社会症结与特殊性格，也知道科学典籍、科学家们在传统文化中的地位与角色。

明末宋应星撰就的“科技百科全书”——《天工开物》，代表了那个时代人民的生活轮廓，中国古代科技发展到明代的成就，同时也特定地反映其时代环境。如果我们对明代政治制度、经济活动、社会状况多加了解，必定有助于对其历史意义的深一层认识。

二、黑暗的政治

（一）牢固的专制体制

明代身处两个异族统治的朝代间，在中国历史上是非常特殊的；在元朝蒙古人的政权被推翻之后，明朝可以说是汉族传统政治体制的再建。

汉人在异族铁骑蹂躏下，民生荼苦，对元人的仇恨极深。明太祖朱元璋揭竿而起、取而代之，汉人都十分庆幸，期盼能政治清明、民生乐利。但是，实际情况却令人大失所望。朱元璋虽出身草莽，知道人民生活的艰苦，但却知识浅陋，往往对贤明的臣下不能容纳而加以残害。

历代帝王制定国家法律、政治制度时，莫不以维持自家一姓来永久把持政权为目的，倾力防制人民的反对，而朱元璋比历代的帝王更专制、更极权，造成了中国历史上无与伦比的崇高君权。

表面上，朱元璋欲彻底铲除辽、金、元以来，深植于汉民族间的北方异族风尚；恢复汉民族旧有传统。但在这民族主义的外皮之下，却包含着最顽固的君主独裁制。

其中最特别的，就是为了巩固君权，废除了传统的宰相制度。自秦代以来，宰相辅佐天子处理国政，是整个行政系统的首脑，也是文武百官的领袖。宰相统领了吏、户、礼、兵、刑、工六个部门，有很大的行政权力，甚至可以对皇帝的专制独裁产生些微制衡的作用。

朱元璋知道相权对君权是一种威胁，便以谋反的罪名将宰相胡惟庸处死，从此大权在握，并下令后世永远不准立相，如有官员建议的话，就将他处死。

废除了宰相，各部本都只是执行机构而非决策机构，没有人有足够的权力统领各部，事事都要皇帝亲自决定。朱元璋本人是相当精明能干的，但他的子孙却并非个个如此。皇帝无能，又没有一个有效的宰相制度来补救，政治是没有不坏的。

另一方面，朱元璋又设殿阁大学士为顾问，以为咨询之用，并没有实际的权力。到了明中叶以后，大学士的权位渐渐变大，但并没有明确的制度来配合，皇帝和大学士之间，权力相互消长。皇帝与掌权大学士之间的猜忌，使宦官得以在其间颠倒搬弄、挑拨离间，很多人甚至得掌大权。

我们纵观整个明朝的政治权力所在，除了一度落入权臣张居正之手中，其余时间全归皇帝及其“影子”宦官所有，充分暴露出中国传统专制体制的弊病。

（二）八股文与读书人

科举的制度由来已久，在明代考试作答的文章形式是八股文，有一定的体裁和格式，文章分破题、承题、起讲、提比、虚比、中比、后比、大结八部分，各有写法，不得逾越，字数也有一定的范围，过多过少皆不合格。不仅如此，又以“四书”为出题内容，且规定朱熹的注释为标准。在这种情况下，读书人只要就“四书”拟几百个题目，背诵他人的文章，应考时依样画葫芦照抄一遍，便可侥幸考上。

在这种僵化刻板、不求真学问的科举制度下，明代的读书人，于涉足政界后普遍有不切实际、奔走钻营的毛病，等而下之的成为贪官污吏，有操守的又计较一些极为琐碎迂腐的小事。而像《天工开物》的作者宋应星一样，能了解一般老百姓的生活方式，诸如农业、手工业、商业等经济活动的生产方式，加以正确客观记录的读书人，恐怕是个异数吧！

三、政、经分离的社会

中央集权的弊病日益沉重、读书人迂阔不实，明末的政治已至崩溃边缘。但是，以当时的宫廷，官吏、地主、都市富豪为中心的明末都市生活却非常繁荣，工商业颇为发达，有新的产物和新的社会阶层分化出来，此所以宋应星在《天工开物》序中说：“幸生盛明极盛之世。”

经济活动的蓬勃，有时是和政治进步、人民生活背道而驰的。明末的社会正是如此；由于生产力的初步解放，传统中国农业社会有蜕变的迹象，工商业——尤其是纺织业——空前繁荣，但由于土地的集中、社会体制的不健全，财富的分配极端不平，“盛明极盛之世”，并未普及到一般的农村和都市中下阶层老百姓。相反的，他们却必须负担为数庞大、转嫁而来的军费、重税，生活十分艰困，最后终于激起暴动，明朝政权于焉崩溃。

生活在这样政治、经济朝向两个极端发展的社会里，宋应星的心情谅必万分复杂、矛盾，他无法扭转所看到的社会罪恶，也无力挽救败坏的政治制度，于是他写下了有关科技的所见所闻，为那一时代人民生活作历史的见证。作为中国农工业史的卓越巨著，《天工开物》所透露的讯息，不仅是先民百工技艺的累积结晶，亦告诉我们中国历史发展到明代的流变。

四、经济文化重心的南移

（一）大运河——南北大动脉

中国经济文化的重心最早是在北方的黄河流域。唐朝末年的安史之乱后，有逐渐南移的倾向，明太祖朱元璋定都南京，即为此一转移的顶点。

安史之乱后，唐政府主要是依赖长江中下游的地方财赋来支持，长江、黄河间的运输特称为“漕运”，是首都中枢的重要补给线。虽然如此，北方大致还可独立，仰赖南方的程度并不大。

北宋版图狭小，北方国防线脆弱，国家财赋的收入益形依赖南方。宋室南迁之后，首都的迁徙刺激南方生产力，以致人口大增；南宋的税收甚而高过了北宋。

元朝因幅员辽阔而建都北平，粮食全赖南方供给，每年运输总额最高达三百五十余万石。海运亦应运而兴，由南方的港口直抵北方。

明朝在开国之初，着重经济效益，定都金陵，成祖朱棣为巩固北方国防线而迁都北京，但为了北方的生息，将原有运河修改疏浚，为设支线联络天然河川，废置了元代使用的海运，数量巨大的粮食运输乃改由漕运。

由于漕运的特殊需要，明政府建造了庞大的船队，《天工开物》称之为“平底浅船”，这是根据它的形状来命名的。平底浅船适用于沿着长江、大运河之间，长达一千七百多公里的水路，建造时自须考虑不同的气候及地理环境，其构造的特性我们将在《舟车》一章中介绍。

明中叶以后，全国的粮食生产，北方大约只有南方的五分之一，整个中央政府，几乎全部依赖生产力蓬勃的南方，“两湖熟，天下足”之语大约即始自此时。当时漕运船只——平底浅船的数目定为一万一千七百七十只，共有十二万军人负责输送。巨大的船队在浩荡的千里烟波中北驶，源源不绝地将南方大地孕沃的作物，哺乳给失血过多的北方。

（二）生产力蓬勃的南方

中国农村社会有一句古老的话——“男耕女织”，自古以来，耕、织即为农家生活的主要内容，政府对人民的纳税要求亦以耕、织所得的粮食、布帛为主。

明朝中叶以后，粮食的生产固然南方超过北方甚多，中国农业社会的主要轻工业——纺织业，亦以南方为重。

汉朝的时候，北方的黄河流域已有几个著名的纺织中心，例如山东临淄、河南襄邑等地，他们的规模都已超过家庭式手工业，但南方并没有大规模的纺织中心。唐代主要的纺织工业中心也在北方。五代、北宋时，纺织业逐渐在南方茂盛起来。南宋国力薄弱，常须向北方游牧民族缴纳巨额的银子、绢布，由此可见南方纺织品的质与量已超越了北方。到了明朝初年，南北方纺织业纳税的比例是三比一，中叶时更达八比一。

五、经济因素下传统农业社会的初步瓦解

（一）棉纺织业的发达

传统中国的纺织业可分为棉织、丝织两种。追溯中国纺织业的发展，以桑麻为主，相传黄帝的妃子嫘祖发现蚕丝可以织衣物，就是丝织的最早传说。棉织的发展较迟，魏晋南北朝时，棉布由西北陆路及东南海域传入，数量很少，等到唐末宋初才开始有人种植棉花。就宋人遗留下来的著作判断，我们可以知道宋代农夫种棉的很少，且局限在闽广一带，长江沿岸仍以蚕桑业为主。

元初为安抚汉人，提倡耕织，下令纂修《农桑辑要》，提倡推广种棉、强调种棉可获得优厚利润。后来元廷更进一步设置了浙东、江东、江西、湖广、福建五处木棉提举司，由提举司监督，

令老百姓每年入贡十万匹棉布，从此棉花种植日广。

明代棉织业更发达。据《明史·食货志》记载，朱元璋曾下令："田五亩至十亩者，栽桑、麻、棉各半亩，十亩以上倍之，又税粮亦准以棉布折米"，明显地奖励新兴的棉织业。

为什么棉业在中国要到13世纪的明代才逐渐发展起来？这特殊的时间、空间代表什么意义？

古代中国人民"贵者垂衣裳，煌煌山龙，以治天下"（此指丝织衣物）；"贱者短褐枲裳，冬以御寒，夏以蔽体，以自别于禽兽"（此指麻织衣物）。以丝、麻两种为主料，而丝贵麻贱，丝为礼服，麻为常服，"贵贱有章"，此所以《乃服》章"先列饲蚕之法以知丝源之所自"。一般人民不仅要生产足够的丝绢供自己家庭所用，尚须缴纳定额的绢布为税——这在唐代特称为"调"（另外是"租"——农作物，"庸"——劳役）。汉、唐人口约五千万，传统农业社会的生产力、生产工具可生产足量的绢布以为民生、纳税之用。北宋人口倍增，不仅蚕丝原料不够、生产技术无甚突破、生产力停滞，而且供需失调，买绢的附加税增加，难怪宋人的笔记小说常出现纸被、纸衣、纸帐之类的代用品。此种情况下，新的原料——棉花自然广为采用。更何况棉布较丝、麻更耐用，更适合广大的劳动群众。

再者，由于经济文化重心的南移，汉族和珠江流域闽广一带的少数民族增加接触，学习了许多有关棉业的重要知识。中国最早种植棉花的区域就是在珠江流域及海南岛，彼时广东南部和海南岛的纺织业全属棉织，种类繁多，品质精美，许多南下为官的汉人纷纷购买，逐渐介绍到长江流域来。徐光启在《农政全书》里引王祯《木棉图谱叙》说："夫木棉产自海南，诸种艺制作之法骎骎北来，江淮川蜀既获其利。"透过原料技术的引进，中国棉业蒸蒸日上，人们很快地了解种棉的经济利益，棉织迅速推广到中国各地。

明中叶以后，丝织业的地理区域相对地日渐缩小，《农政全书》里记载：当时桑蚕最盛的地区，只有浙江湖州、四川关中两地，其余都已衰退了。棉织业相形发达，各地区因地理、气候的因素发展出不同的棉种，江苏所种称"江花"、山东称"北花"、浙江余姚称"浙花"，尚有"青核""黑核""紫花""黄蒂""黄蒂穰""宽大衣"等多种。

《天工开物》第二篇《乃服》讲的是衣料原料到成品的制作过程，虽然包括丝、棉、麻、皮各种原料，但却以丝织的篇幅为多，可能是宋应星摆脱不了"贵贱有章"的桎梏吧！

（二）纺织业的分化

现代工商业产品多由机器制造：一贯作业生产线，配合整体性的工厂管理，提高工作效率，使产品能达到同一水平，且产量庞大。但在17世纪工业革命以前，无论中、西，动力的来源主为人力，人们要制造各种民生用品都必须动手去做，此可概称为手工业。

手工业并非一成不变的，在中国自秦汉到清中叶，西方自4

世纪至 18 世纪，漫长的手工业时代里，历经多样演变；使用器械的改良、新原料的推出、生产组织的演进，都足以说明手工业历史内涵。

明代的棉纺织业，就是一个鲜活的例子，它的崛起包括了社会、经济、政治、地理的因素，而有其一定的动向。

“男耕女织”不仅代表中国传统农业社会分工的状况，同时也告诉我们家庭就是一个农业、纺织业生产的单位。从最初的养蚕、采桑、种棉、纺纱到成品的丝帛或棉布的过程，完全在一个家庭内完成，此可称之为“家庭手工业”。

虽然中国纺织业要到清中叶帝国主义入侵之后，才完全脱离家庭手工业的形式，但唐宋以后，已有逐渐分化的倾向可寻。

最早从家庭手工业分离独立者为绫、锦等奢侈品，和皇室所需的纺织品，其所需的特殊技艺和器械，并非一般农家所有。

一般农家向政府缴纳者为绢帛，起初是以原始的手工生产，后来逐渐使用较高效率的复杂器械，使产量大增、价格剧减，唐末五代时期此种现象已相当显著。此种情况之下，部分家庭产量不够甚或放弃生产，却也须向政府缴纳一定数量的丝帛（即租庸调之“调”）。相反的，有的家庭舍耕就织，专以生产织品为业，同时，也有中间商人以较低价格向生产者购买，转卖给未生产或产量不够者作交税之用，从中取得利润。

宋代许多交纳政府的绢帛多出自专门纺织之家，但大部分的原料仍由一般农家生产。此种原料生产与成品制造过程的分化，到元代更加显著；一般农户多以养蚕缫丝原料生产为限，所以元政府将纳绢改为丝料。

明代，由于棉织业的突飞猛进，不仅原料生产与成品制造分离，原料生产又分为桑蚕及种棉，而且器械纺棉也更进一步和种棉分开。

再则，土地的生产力不同，各个区域的发展并不一致，尤其是江南地区，由于水田的生产利润高，与海外贸易的机会多，经济文化重心的南移，有些地区的织品生产已脱离了自用和纳税的目的；每个地方的生产重点不同，甚至原料生产与织品制造也并非合一，较著名的如苏州府、杭州府的丝织品，常州府、镇江府的麻织品，嘉兴府、湖州府的养蚕、制丝，松江府的棉花栽培、棉纺织等。

由于江、浙、闽、越为中国主要种棉区，上海在明代已是一个很大的棉花市场，且是棉织工业的一大重镇，其社会分化、经济组合蜕变更是前所未见，例如：染工分业已有红坊、蓝坊、漂坊、杂色坊、印坊等多种，各种有关棉业交易的代理商、贸易行，活动十分频繁。

此一以轻工业、商业为基础，以及人口密集的大社区，显然有别于传统的中国城镇，它是明代社会分化的象征，也是中国社会变迁中，内在节奏的强烈脉动。

（三）银的流通

唐代晚期，银子已作购物交换之用，但多使用铜铁铸造的鋹钱，这就是今天仍可见，中有方形开孔的“××通宝”。

宋代国力不振，时常迫于边疆民族的武力侵扰，无法抵抗，须年年纳贡。例如：著名的“澶渊之盟”，即载明宋政府每年须纳契丹三十万匹绢布和三十万两银子。金继契丹而起，宋政府也须向其纳巨量的绢布、银子，由于中国本身产银量有限，因此弄得府库空虚、民穷财尽。

明中叶以后，中国和葡萄牙、西班牙等殖民帝国展开贸易，新大陆、墨西哥、中南美洲采得的银子，便源源不断地流进中国来交换丝绸、陶瓷等产品，此一未受到广泛注意的“银路”，实在是较著称的“丝路”更具经济意义。不仅银子因此一跃而成主要的通货，更因银流通广泛的与日俱增，新的商业资本刺激了产业的发达演变，社会分工愈细，社会结构趋于复杂，棉织业的进展即为一例。

（四）“一条鞭法”

由于银通货的流通盛行，人民向政府缴交赋税渐以银子取代，明中叶后将其制度化，特称为“一条鞭法”。这是在因袭性与关闭性极强的明代里，以宰相张居正为首的一群人，企图对土地、税制等主要经济方面，进行大规模的改革，以求纠正长年累月形成的许多积弊及矛盾。其方法在改革原先繁苛的赋役制度，简单地以人数、田地并为一项的综合税，直接缴现银取代以前所需的田赋或差役。

在此之前，赋役制度流弊百出、混乱苛扰；田赋轻重颠倒，有的重税变为轻税，有的无田反须负担重税。富豪之家贿赂官僚、任意变更征收方法，使赋役负担转嫁于贫弱小户。

“一条鞭法”以中外贸易所得银子为基础，简化税制，完全以银子代实物，用意在使老百姓能不受苛扰。但实际情况却未臻此，各地施行未趋一致；有的仅将“役”的项目合并，有的则将“赋”的项目合并，又有的虽将“赋”“役”皆合并，但合并的程度不同，施行的结果有好有坏，制度未能统一。

不仅如此，神宗时期曾三次加重赋税，其后也多次增加，总计神宗万历年间到明末崇祯十二年，二十年之间，共增加田赋七次，政府收入因此约增加一千六百万两银子，老百姓负担之重可以想见。

（五）农村凋敝

老百姓迫于纳税时，便要借高利的银，或者低价出卖土地获得现银，甚至要鬻妻卖子。富豪之家放高利贷、兼并土地，益形富有，而贫穷人家甚无立锥之地，要去富豪地主之家做佣工、佃农。富豪操纵市场以遂其利，土地买卖频繁，有“千年田八百王”之称。

再则，富豪之家交通官吏、规避赋役，久而久之，赋役负担皆转嫁到贫苦农民身上。老百姓不堪其苦，便有弃田逃亡的，逃亡的途径不外三种：投靠豪门，或到大都会作工匠，或行商各地，以逃避赋税。

农民不只承受土地兼并、赋役转嫁的苦难；明中叶以后，与边疆民族的战争日多；外患更加严重，各地土匪蜂起——英宗时有瓦剌、宪宗时有鞑靼、世宗时有俺答、倭寇、神宗出兵朝鲜、熹宗出兵辽东。北方满族兴起，农民蜂起暴动后因而灭国。百余年间兵连祸结，未曾中断。兵灾的损失固然落在以食为天、扎根于土地的农民身上，军费的负担也是转嫁到农民身上。这些都加深了社会不安，也促使中国传统农业社会的初步分解。

六、《天工开物》的社会背景

银的流通、“一条鞭法”、农村凋敝，这些是明代中国传统农业社会初步分解的原因，相应于各种因素发展的纺织业，即是各种动力冲击的最佳例子。我们且以宋应星生活所在的长江流域作一了解。

（一）农村社会结构

就明末经济活动十分活跃的江南来看，中国传统的根——农村社会，已有复杂的社会结构，反映中国老百姓各种层面的生活。

以土地所有者而言，可大致区分为地主与自耕农。地主拥有土地，并不直接从事生产劳动，即可得到土地生产的利益。自耕农以耕种自有土地所得维生。

地主再可进一步区分为“在乡地主”和居住在都会的“不在乡地主”。“在乡地主”以中小型地主居多，他们较具传统农村社会自给自足的性质，多以家庭的人力（家属、奴婢）自耕一部分土地，而将其余农地出租予佃农。“不在乡地主”的身份多半是官吏或富商，拥有政界、商场里的财势，和政权有密切的关系。收成时，由管家到乡下收租，并不亲自前往，予代收者舞弊的机会，这自然是农村不安的一个因素。

自耕农是完全自给自足的农户，他们没有多余的田地出租给佃农，也不必向地主交租。介于此种纯粹自耕农和在乡地主之间，又有种种程度不同者，大致上就是一般所指的“乡绅”。

其次，就无地者而言，也大致有佃农、佣工两种。

江南地区，战争破坏少、人口较多，田地的分割较北方细密；在乡地主所有的田地，平均仅为十余亩，主要以耕种水稻为主，在两季水稻之间种植蔬菜，从事耕种的是大家庭的成员——包括家属和奴婢。

此种以家庭人力从事生产的情况，到明末渐以佣工取代奴婢。佣工可分为两种：整年的长工和季节性农忙时的短工。长工住在地主家，由地主供给吃住，且有工资可得。短工多为仅有少数田地的自耕农，他们也可能同时是佃农，在农忙时由地主雇用，兼具多重身份。

由佣工的渐行可以知道：家庭人力（家属和奴婢）从事农村生产的传统农业社会已有变化；以工资（银子）报酬为目的的佣工，不同于此前农业生产自给自足及交税的目的。这固然是由于人口压力、重税负担、农村凋敝等内在因素，也是对外贸易、银子流入的外在原因。

佃农的地位，在社会上、经济上，完全是隶属于地主的。佃农耕种的土地不属于自己，须向地主交租——田租分为定额的“基本租”和按照收获量抽取一定比例的“分利租”。按照《乃粒》篇中宋应星的观察，明末江南地区种水稻的佃户，耕种面积约仅十亩，没有耕牛者更小。其生产的粮食自己食用已所剩无几，更何况须向地主缴纳五成以上的田租呢！不仅如此，由于宗法社会的关系，地主还可强制佃农做劳役的工作，剥削其劳力和时间。

佃农在社会经济上隶属于地主，而且政治上，强大的专制国家权力，透过赋役制度支配农民，赋是土地税，役是强制劳动，和农民生存的根源土地皆有密切的关系。国家透过赋役制度支配农民，实表示地主对于佃农支配力的脆弱性与不完全性，但不可因此认为地主与佃户之间的土地关系已削弱，具有近代化的意义。事实上，此表面上近代化的意义，本质上是适得其反的，因为强大的专制国家权力在土地关系之上，衔接其支配力，阻碍了社会、经济的发展。

追溯国家权力的支配方式，唐政府首将传统“租庸调制”改为“两税法”——赋役制。沿至宋代未曾改变，但以金、银代替实物、劳役者渐多。元代印行纸钞，结果通货膨胀而经济崩溃。明初再恢复两税：赋征米麦、役征劳力。到了明中叶，由于银流通得普遍，因此成立“一条鞭法”，合并赋役，以土地所有额为准，征收现银。

由于明政府财政的困难及军费的支出，赋税日益加重。再者，农业生产利润微薄，粮食多供自己食用，少能作为现银收入的来源，以征收现银为基础的“一条鞭法”，自然不利于传统农业社会的地主。影响所及，中小型地主日趋没落，财富、土地更加集中于少数大地主的手中，《万历景州志》说：“往岁富民百余户，今则仅存数户。”

明初以自耕农居多，明末则佃农居多；明初称“农”是指自耕农之意，明末便是直指佃农了。《通州志》述及地主与佃户分谷比例说：“主人得其十之六，农得其十之四”，主人指地主，农便是佃农了。

佃农生活穷苦，又无法切断与地主的隶属关系，如果生活再苦，无力交租，只有降而为佣工，赚取现银来维持生计。农村地主、自耕农，也只有在农业生产以外的副业——特别是纺织，另谋发展，作为获取货币手段的纺织副业普及于江南农村，商品经济渗透农村经济的各个角落。

这固然加剧社会不安、阶层流动，也同时刺激产业分化、都会兴起、手工业蓬勃……

（二）蓬勃的农村“副业”

由于货币经济普及，“一条鞭法”驱使农村为现银的收入加紧从事“副业”，作为救济手段，同时，江南高生产力区亦以地方不均衡的形态出现；因原料、成品、半成品的交换，商业发达、交通频繁，商业资本透过交易关系支配农村经济。中国农村最重要的手工业——纺织，相应地在农村社会普遍繁荣起来。

先看丝织业：《乃服》开始即详述了养蚕、丝织的种种内容，可以看出明中叶以后，制造生产技术大有进步；北方丝织业已比不上新兴的长江、太湖流域了！

当时，一般农家，每户平均养有五到十筐蚕，每筐蚕约可产一斤的茧。如果稻米价格较低而丝较高时，每斤蚕茧是可以抵得上一亩水稻的收入的。但养蚕也须种种成本的花费，每筐蚕需一百六十斤桑叶，若有病害，甚至要蚀本，而且桑叶、蚕茧的买卖，常有投机商人居间操纵、剥削，小规模的家庭养蚕，收益是操在他人手中的。

农村妇女少参加农事劳动，多从事织业，我们看《乃服》中的插图：治丝、调丝、花机、纺缕等都是由女性担任。不仅如此，许多男子也从事相同的工作，而非传统的耕种，这表示纺织"副业"在农村的流行。

正如在农耕方面，地主雇用佣工来取代部分传统的家庭人力；纺织业里，也有雇主雇用无力购买蚕丝、器械的工人，他们或在雇主家里工作，或拿回原料，在自己家里纺织，赚取工资。这种雇佣关系，在农事、纺织同样地普遍。织工与佣工皆属工资劳动，此与利用自己资本及自家劳动力的"副业"性质不同，已具商品生产的近代意义。

同时，有关织业的各种商人，乃至同业组织皆应运而生；例如：桑叶、蚕茧的收购、买卖，织机的制造、贩卖，各种织物的收购、转运、加工、染色、批发等皆是。行商之间有同业组织控制供需、调节价格，常见的是织户将所生产的绢布，寄在城镇的牙行（同业组织），外地的客商到牙行收购所需的货品。大规模的织户，则由牙行或客商直接去收购。再者，政府为求控制，获得所需物资，也会干涉同业组织的人事、制度。

再看棉织业。前已述及：棉花最早栽种于唐代海南岛、珠江流域的闽广一带，以后逐渐北传，宋末元初已达长江流域（同一时期亦有棉种自西域传入），到明代则普及全国。由于地理、人文环境的不同，当时北方棉花栽种不少，但纯粹的纺织并不发达，未见以商品生产为目的的织业。相对地，江南地区纺织较种棉发达，棉织品种类很多，南北不同造成特殊的商业往来关系。

当时江苏省的松江府可说是棉纺最发达的中心；《乃服》中"布衣"项说："凡棉布寸土皆有，而织造尚松江"，《彰施》中"诸色质料"项说："其法取松江美布"，可见当时棉纺织业发达，到了寸土都有棉布的程度，而松江府一带的棉纺技术大概就是其中的佼佼者了！

"一条鞭法"施行以前，棉纺是为了自用和交税的目的，棉布和丝、麻制品一样可作实物缴纳。"一条鞭法"实行以后，棉布生产的目的，变成是交换现银的商品。棉布和绢布相似，透过各种商人、行会，销售到广大中国的各个角落。

有句流行的谚语说："北人好惰，南人好奢"；这告诉我们南方长江流域辛勤的农民，从事纺织得到不错的报酬，相对于北方缺乏此副业的农村，是较富裕的。

但再细究这话的内容，为什么南方人有钱就有“奢侈”的倾向呢？一个社会有钱就一定奢侈吗？答案应该是不一定的。我们依现代的眼光来看，有的社会能将获取的利润作再投资、更新制度、购买机器、提高工作待遇、工人福利，增进生产效率，做出来的产品更好。但有的社会却像暴发户一样，赚来的钱都花在消耗性的生活享受上，整体而言，并未提高工商业水平，虽然人们生活提高了浪费的程度，生活的品质却未提升。这样的社会是很悲哀的，它可因某种特殊的条件风光一时，但终会被历史的洪流湮没。

明末社会也有类似的情况，仔细追究起来，是因为那时的政治太专制，太败坏了！税收一年重过一年，生活没有保障，土地没有保障，无论“副业”如何商品化，原是过重土地税的缴纳手段，小老百姓不愿意储蓄，觉得货币留在手中，不过是等着被征收、压榨去罢了！纵有货币收入，亦无法致富，不如有多少用多少，更能使生活愉快，可以说这是“南人好奢”的由来。

“好奢”心态使得农民不愿将所赚的钱，进一步投资改善农村产业，不愿去改善农业经营，或发展独立的农村工业，产业发达到一定程度便停滞不进了。这种不利于产业突破的社会政治情境，在中国历史上屡见不鲜。反观西方，近代科技的突飞猛进，是配合着产业革命以降的兴革，和商业帝国主义的扩张侵略，资本累积再累积，技术突破再突破，透过隔洲越洋的行销系统，得到加速的利润回馈。

中国科技在16世纪以后不敌西方，“好奢”心态可以说是一大原因啊！而“好奢”心态更有其历史、社会背景！

（三）兴旺的都市

富豪兼并、苛捐杂税固然使得老百姓生活艰难，却也无妨于豪门发达，都会繁荣。

中华以农立国，人口集中于农村，农村人口占全国人口百分之七十以上，只有仕宦、商贾之家住在都会里，有规模的都会少，古代的都会远不及今日繁荣热闹。但宋代以后，由于农村手工副业发达、水陆运输改善、政经中心南移、对于贸易兴起、货币经济流行、都市消费增加、国内市场扩大……各种因素造成大都会的出现，这些大都会都以繁荣的工商业为外貌。

明末江南农村是少数大地主与多数佃农、佣工的局面，然江南财赋收入居天下十分之九，此乃都会兴起的缘故：苏州、松江、常州、嘉兴、湖州五府占浙东、浙西两地财赋收入十分之九，而浙东、浙西又占江南财赋收入十分之九。简言之，苏、常五府占天下收赋的七成强。

人口方面：苏州府有二百多万，松江府有一百二十万，常州府有七十七万，纺织品、稻米的产量也以此三地为冠。“上有天堂，下有苏杭”，苏州更为五府之冠。

在台北外双溪的故宫博物院里，有许多灿烂辉煌的历代中华文物。其中，我们可以看到一幅非常精致、细腻的画卷——《清明上河图》[①],1968 年,“交通部邮政总局”发行了一套轰动一时的邮票，就是《清明上河图》的缩图。

这幅《清明上河图》是明代四大家之一的仇英所画，描写的是明末苏州府城的景观，各式各样的店铺、市集、人物，生动丰富，可说是当时都市生活的写照。在城内，有挂着“描金漆器”“打造铜器”“银铺”等招牌的店铺。城外另有店铺悬着“发卖棉花行”“与客收卖棉布”“布行”等招牌。有的虽然未挂招牌，但一看便知是染坊；店前埋有盛着红色、蓝色的染缸，染成的布在屋顶高处飘扬，这些店铺和南来北往的人群，就是明中叶以后被称为天下第一之纯经济都会的繁荣面貌。

苏州即吴县（今苏州市吴中区与相城区），春秋时代，吴国的首都在此，后世常以“吴”来称呼这个地方。隋代首称苏州，到明末仍然沿袭。唐、宋时候，苏州的丝织业已经相当发达，商业也很繁荣。元代时，有名的意大利商人马可波罗，在他的游记中称苏州为工商业都市。到了明代，苏州更以工商业闻名于世。

根据明神宗时期的《万历实录》，当时苏州“郡城之东皆习织业”“家杼轴而户纂组”，城东区可谓中国纺织的重镇。不仅如此，其他手工业也很发达，《古今图书集成·舆汇编·职方典·苏

---

①《清明河上图》最早的版本为北宋画家张择端所作，画的是北宋都城汴京，现藏北京故宫博物院，历代仿本以仇英所作最具影响，台北故宫博物院所藏为清院本。

州府部》说："扇骨粗者出齐门。席出虎丘，其次出浒墅。铜香炉出郡城福济观前。麻手巾出齐门外陆墓。竹根阊门外有削筋墩。藤枕治藤为之出齐门外，粗者出梅里。蜡牌出郡城东桃花坞。斑竹器出半塘。铜作旧传木渎王家香毬及锁皆精。木作出吴县香山。窑作出齐门陆墓。染作出娄门外维亭。"各种手工业分布在不同的区域，如今日工业区中不同的工厂。另外，胡应麟在《少室山房笔丛·经籍会通》中说："凡刻书之地有三：吴也、越也、闽也……其精吴为最，其多闽为最，越皆次之。"足见不仅各科手工业发达，雕版印书的文化事业也冠于全国。

当时的人都视苏州的各种产品为上货，争相购置。张瀚的《松窗梦语·百工纪》中说："自昔吴俗习奢华，乐奇异，人情皆观赴焉。吴制服而华，以为非是弗文也。吴制器而美，以为非是弗珍也。四方重吴服，吴益工于服；四方贵吴器，而吴益工于器。"足见苏州风俗奢侈，领先潮流时尚，四方皆以苏州的衣服、器物为贵重，苏州人也不断地更新他们的产品。

"四方贵吴器，而吴益工于器"，这就是工业和商业相互影响，相互促进的道理；苏州的手工业既如此发达，手工业制品又受人重视，商业自然兴盛。主要的商业区在城西，《万历实录》又记载苏州的景观说："列巷通衢、华区锦肆、坊市綦列、桥梁栉比……货财所居，珍异所聚。"观览《清明上河图》就知道这样的描述是毫不夸张了！

当时已有组织周密、规模庞大的商行。在钱咏的《履园丛话》中记载说："苏州皋桥西偏，有孙春阳南货店，天下闻名。铺中之物亦贡上用。案春阳宁波人，万历中……为贸迁术，始来吴门……其为铺也；如州县署，亦有六房，曰：南北货房、海货房、腌腊房、酱货房、蜜饯房、蜡烛房。售者由柜上给钱，取一票，自往各房发货，而总管者掌其纲，一日一小结，一年一大结，自明至今已二百三十四年，子孙尚食其利，无他姓顶代者。"无论在组织规模、经营方式都是相当进步的，已有现今分门别类的百货公司、大批发商的性质。

由苏州可以了解中国都会兴起的背景和特殊的性格。明末，尤以万历年间前后，中国都会随着工业的发达，极为繁荣，惟此繁荣的背后并无坚实的基础，当时的企业家并无产业资本的累积意愿，而是守着原有设备，不求发展，坐食以空，所得的利润专用于奢侈的消耗上。另一方面，却又贫富悬殊，都市富豪耽溺于无尽的消费生活里，滥用富力，以逃税为能事，政府的财政始终赤字，为求补救只有增税，但增税负担不在都市富豪，却转至农村中下层身上。无力承担的农民舍弃土地向都市跑，在繁荣的都会里贡献低廉的劳力。

此种社会状态，固然一方面是不安的政治环境造成，深究其所以，更在于大一统专制国家久采"重农抑商"政策。以农业生产为基石的中国经济，始终视产业资本为压迫农业的危险物，财富除了消耗在奢侈的生活，或转向于土地投资，皆是不安全的；故虽有千般阵痛，想从母体农业社会，孕育出蕴含近代意义的

“前工商社会”，终不可能，都会在明末的兴起正是此种阵痛的表征。而比之于西方之同时，正是文艺复兴、启蒙运动曙光初露的时候。

（四）都市手工业

我们再就都市手工业观察明末都市的内涵：

《乃服》章中有一复杂的“花机”图案，它们能纺出精巧的花样，苏州城西区是染织工业集中地带，有许多“花机”，但并不是每家都有，而是集中在“机房”之内。“机房”内除了织布还有染色及其他的加工过程，整个生产程序有很细的分工，在里面的工匠皆有特殊的技艺，受雇而领取工资维生。据估计苏州城内的染工、织工皆有数千人之多。

在传统中国农业社会的工匠技艺行业里，常听到“师徒”“师门”的话语。一个小孩从小习艺，吃住皆在师父家里，经过一定的年限后学成，这期间并没有任何的工资。而且“严师若父”，学徒和师父的关系密切，不只是习艺工作，同时也是师父家庭的一分子，而且，学成之后，学徒很可能继承原有的局面。

这和前述“机房”里的性质大不相同，不仅纯粹工资、劳力互换的雇佣关系取代师徒关系，而且雇主对工人的各种传统性社会约束已经淡薄；技术较好的工人，对于工资待遇不满时，就会辞职到报酬较高的机房。甚至在万历二十九年，明政府增立织造税，对苏州织业亦将课以重税时，许多机户停业、解雇工人，这些生活顿成问题的工人，大起工潮、发生烧打的惨案。这些事实只有在工人是纯粹依赖工资生活，而且是劳力工资互换的雇佣关系中方有可能发生。

我们再看《苏州府志》有关劳工的记载："机房"大都在城东区，这里工作的工人是固定的，按照工作的时间长短领取工资。另外有不固定的临时工人，每天在黎明的时候到人力市场去寻找工作；织缎子的工人站在"花桥"、纺纱的站在"广化寺桥"，以绢丝加工为业的车匠则站在"濂溪坊"，人数很多，等待机房老板来雇用他们。由此看来，没有固定雇主的临时工人为数不少，他们与雇主的关系纯粹是工资与劳力技术的交换，这较固定雇主的工人更是不同于传统农业社会的工匠了！

此种为工资劳动，与雇主之间没有传统社会关系的工匠告诉我们：为了补救重税而发达的纺织业，不仅造成人口从乡村流向都市，也改变了人们的工作形态。我们不可忽略，这些都是传统社会蜕变瓦解的重要因素。

除了雇佣关系的改变，生产组织也有异于以往的地方：根据记载，当时有一种大规模的生产经营体制，称为"字号"，在其下有相关的专门业者数十家，纺织业之下就有制丝、调丝、漂布、染布等工作，均各有其专门业者。就某些意义看来，"字号"之下的工厂，已有近似今日大企业之下的连锁卫星工厂的性质。当然，经营这种大规模的生产、批发体制是需要雄厚的财力的。

花机和以工资取得为目的和大规模的"字号"，都是明末中国社会工商业发达的一端，但我们绝不可误认其同质于近代工商业；大多数工厂仍是小规模、家庭式的，马可波罗在游记中即记载当时多是十到四十人的工厂。另外并有耶稣会教士记说：“织机与布同格，宽度甚狭，每家各有数架，几乎全部的妇女都在从事此项工作。”这显示虽然手工业相当兴盛，但生产工具并未普遍更新、生产关系仍具传统性格，而生产组织虽似小规模的工厂，却始终仍只是外表而已！

七、结语

从以上我们观察的明代社会可了解到，在当时经济发达的区域，传统社会已有许多变化的迹象：银币经济渗透到社会各个角落，因而成立了以银代实物的“一条鞭法”税制改革。在农村，农村副业以商品生产为目的而蓬勃发达，雇佣关系下的工资劳动者登场，取代传统家庭人力，地主自耕的性质在改变中。贫穷的农村供给都市手工业所需的大量工资劳动者，都市因商品经济而兴盛，传统手工业的师徒性格，已被“资本家——工人”的关系部分取代，已出现粗糙的生产线，家庭式小工厂少数被大规模者取代，且有的组成“字号”式的关系产业。

这些转变中的彼此密切相关，或倾向代表中国社会在根本上已发生动摇，向近代社会推进中。但我们切不可以此误认为这些倾向全中国可见，这些现象主要是以长江下游经济先进地区为范围，广大的中国内陆仍沉睡在“日出而作，日落而息”的传统农业生活里。

不仅如此，我们若进一步探究经济先进地区的社会、文化内容，可以看出生产业发达的现象所代表的多层意义：这些现象本质上均各有种种相互牵制，专制国家权力与封建地主支配力即是一例，有的反而同时蕴涵阻碍社会近代化进一步发展的反面意义，例如重农社会下的财富动向，即有破坏资本蓄积的力量。

许多社会史家认为中国社会有“二元化”的倾向：一边是皇室、政府统治阶级；一边是广大的老百姓。读书人则游离两者之间，他们或经由科举制度，被吸收进入统治阶级，或在乡里担任“士绅”的角色，为农村社会稳定的基石，老百姓无论如何富裕，如不与统治阶级密切联系，则不能确保其地位，统治阶级亦经巧妙的科举制度，将富民阶级吸收进入官僚系统。在近代西方社会重商主义的基础下诞生了市民中产阶级，但是在明末中国经济先进地区，市民中产阶级却始终未曾脱离官僚统治阶级独立生长，近代性的市民中产社会，未见充分生产随即崩解，承继明的清政权亦未能免此。

审察知识分子的思考内容，亦可同样发现到，真正具近代意义的中产社会市民思想始终并未生长，大部分知识分子被八股取士和顽固的官僚体系所封杀：王阳明、李卓吾等明代思想家，虽有儒家权威主义的否定、人性的发现、自我意识的生长等具近代性意义的思想，但比之于西方挣脱神权、君权的启蒙时代思想，尚有本质上的距离；且不免有传统知识分子的偏见，以老百姓的生活、工作、经济生产为庸俗卑贱，加以排斥。但此倾向的思想，犹不免于大一统体制的压制，可见大传统的根深蒂固，不易有所变革。

宋应星无疑的是传统科举制度下的士大夫；他中过举，当过“教谕”，他的思想可说根本上来自传统。然而身处政经分离的明末社会，他终究未能终其仕宦生涯，而“为宦万里”，这大概是《天工开物》诞生的契机吧！

第四章 《天工开物》里的农业技术

一、大地之恋

大致上，历史学家，或人类学家，都认为人类社会是从原始的、游动的渔猎、游牧经济社会，进化到稳定的生根的农业经济社会。从流浪的捕猎生活，到懂得向大地播种收获求取资生之粮，这是人类文明的一大进步。

中国历史的信史，以前认为是从有甲骨文字的殷商开始的，但近年来许多的考古实物已经可以证实夏朝的确实存在。我们并且也可以知道，在夏朝的时候，中国的农业已进展到相当程度，由许多农具的出土，可以了解当时的些许情况。因为缺乏可信的文字记述，其他的生产技术，则所知较有限。

中国地大物博，我们常说她“以农立国”。中国文化也主要是四五千年来孕育自农业社会的文化。这个有别于游牧、商业文明的中国农业文明，在历史发展中，因客观存在的地理、人文环境而确立，也因主观上政治社会统治者的方便，而更加强。汉高帝明言“重农抑商”，是中国以农立国的宣告，也是此后两千多年具有强烈保守性的传统农业社会的一个肇始里程碑。

当然，在此之前，重农的趋向，已经为春秋、战国时代那些纵横捭阖、能言善辩的“政客”们所大致定了的。例如管仲说：

> 我看那富裕的国家，农事发达，生产很多的粟（即小米，因管仲是北方人，北方以粟为主食），所以先王多重视农业。凡急于为国谋者，必先禁止那些“末作文巧”的事。末作文巧禁绝，则人民不会游荡闲置，人民不游闲，则必致力于农事上，全力集中于农事上则良田开垦日多，田垦则粟多，粟多则国富！（见《管子·治国》）

这是因为农业生产可以富国，所以必须重农。

例如商鞅说：

> 亦农亦战为社稷安定之力量，若舍农战则人民不重视他们的房舍土地，轻视自己的房舍土地，则不会为国家坚守拼战。在位的人若能得治民的要诀，则不需要赏赐，人民就会亲近统治者；不需要官禄，人民也会努力工作；不待触犯刑罚，人民会为国而死。（见《商君书·农战》）

这是因为重农可以强兵，而且“使民易治”（或说愚民）。

因为重农，中国历代的农业技术很发达。有一套悠久、精细、进步的农业技术传统。历代相传有很多记录这些技术的“农书”。这些农书是我们丰富的文化遗产里精彩的一环！

由于传承悠久，中国的农书，不论是在著作旨意上，或体例上，都成为具有一定性的系统。我们观察几本典型的农书，像北魏贾思勰的《齐民要术》、元朝王桢的《农书》、明代徐光启的《农政全书》，都可以看出，这些作者都相当忠实地叙述古今的技术资产。但以“忠实”为原则，却对时间因素疏忽，使后人分不清那些内容，有多少是“古已有之”，有多少是属于时代性的。而《天工开物》，比较明朗地记录了当代所见的技术。

在空间上，中国地大物博，从寒带到亚热带，气候、土壤差异都极大，整个中国广大地区的农业出产，呈现极丰富的多样性。宋应星是江西人，他的家乡并不在江浙所谓“吴中”之地——中国的农业精华区。虽然宋应星是在江西度过他的大半辈子，目睹江西地方农业技术的发展。但显然，旅历过中国大部分地区的宋应星，格局是全中国的，只是不可避免地，他对家乡的事物，是较深入而熟悉的！

因此，我们可以在《天工开物》里，看到传承千百年的中国农业技术传统，也看到有明一代江西特色的农业技术。

二、《天工开物》虽不是农书，但三分之一的内容在讲农事

在前面，我们已提过，《天工开物》里，有三分之一的篇章在讲农事。我们将之条索出来：

《乃粒》：稻、麦、黍、稷、粱、粟、麻、菽等主粮的栽培、品种、施肥，及土壤、病虫害和水利灌溉的方法与器械。

《乃服》：木棉、苎麻之种植、收成。

《彰施》：各种染料作物的栽培。

《粹精》：五谷主粮之收成、调制。

《甘嗜》：甘蔗之栽培。

《膏液》：植物油脂作物之栽培、加工。

经过整理，我们将归纳成六个子题来介绍：

1. 中国最早的农业生产统计。

2. 关于稻、麦、黍、稷、粱、粟、麻、菽的栽培技术。

3. 肥料、病虫害和田间管理。

4. 水从哪里来?

5. 谷类的加工调制技术。

6. 几种经济作物的栽培。

三、中国最早的农业生产统计

中国的数学，不能说不发达，她曾有过辉煌的历史和成绩。然而，中国又是一个比较不注重数字观念的民族。一方面，中国数学在世界的数学史上，领先其他民族，作了很多重要的贡献；但另一方面，中国的数学家，又不曾写出任何公式或记号，甚至从头到尾的中国传统数学史，连一个等号也不曾有。中国传统数学的表达都是文字化了的。

因此，要在除了数学以外的中国传统科技典籍里，寻找经过量化处理的技术记录，是很不容易的。在记录有关生产的科技书籍里，很难找到有生产统计的。而《天工开物》是少数的例外之一。这是中国第一本有粗略量化的农业生产统计的书，即使不是很精确的数据，但在连推定的数据都缺乏的"农书"传统里，《天工开物》的生产统计，已是开风气之先的创举了！

在《天工开物》卷首，《乃粒》篇首，"总名"这一条下，宋应星首先言明粮食生产的天下大势，他说：

"谷，是一个泛称，前人说百谷，泛指各种谷类，百是多数的概称，五谷，则指麻、菽、麦、稷、黍，习称的这五谷独独缺少了稻，那是因为古代著书的圣贤，及其创作的中原文化是源起自西北的。现在，养育天下人民的粮食，稻米却最重要，占了百分之七十。而麦、稷、黍约占百分之三十。至于麻、菽的功用，已全入蔬饵膏馔之中，成为副食品。"

在“麦”条下，他又说：

“四海之内，燕（河北）、晋（山西）、豫（河南）、齐（山东北部）、鲁（山东西南部），这些地方，人们的主食，小麦就占了百分之五十。其他的黍、稷、稻、粱合起来，约占另外的百分之五十。”

“从西部边陲的四川、云南，东到闽（福建）、浙（浙江）、吴（江苏）、楚（湖南、湖北），这六千华里四方的腹地中，不以小麦为主食，小麦的产量不及主粮总产量的二十分之一。小麦以外的其他麦类，只占五十分之一。”

这些数据，证之于民国后的统计，大致上能够符合。

对于其他作物的生产统计，宋应星提到了棉花和甘蔗。他说：

“棉花的栽培，已普及于天下（按：中国本无棉花，秦、汉时由西北与西南传入中国，西北那一路止于陕西，西南那一路由越南传入，有宋一代发展之，元、明之际始大行于中国。以前有个商品广告说：棉传五千年。这是错误的）。种类分木棉、草棉两种。草棉又分白花、紫花二种，其中白花棉占百分之九十，紫花棉占百分之十。”

又说：“甘蔗产于福建、广东，其他地方合起来，不过百分之十而已。”

民国后的统计，广东为冠，四川其次，江西再次。宋应星的数据恐怕是见闻欠周而致误。

四、种稻

（一）稻的栽培

《乃粒》中说得最详细的就是稻的栽培。他说："最迟到清明后，将稻种用稻草或麦秆包起来，浸在水中数天，等到种子出芽时，播种于秧田，经过约三十天，再将之分栽于水田……一亩的秧田，可供种二十五亩水田。"

从后汉的农书开始，历代的农书都忠实地记录这个浸种、催芽、秧田、分插的程序。但宋应星第一次指出秧田与水田的比率。这也是宋应星具有统计概念的另一例。

（二）稻的肥料学

一般水稻要增产，最重要的关键，就在肥料。他说："勤劳的农夫用各种肥料以助田地增产，人畜的排泄物，或油渣（以胡麻、莱菔子的油渣为佳）、草皮、木叶，以佐生机，这是一般的状况。在南方，将绿豆磨成粉，浸水中成溲浇浆于田。又在黄豆便宜的时候，将黄豆撒于田上，一粒黄豆腐败后，可以肥沃三寸见方的土。谷的收获，可以增到两倍。"

又说："在南方，有人在稻田种植专供肥料用的麦，他们并不期待麦的结实收成。当春天，小麦、大麦青青之时，将之锄杀于田中，以蒸覆掩盖土性，秋天收获稻谷，可以增到两倍。"这种以青色植物类为肥料的"绿肥"传统，中国自秦、汉时代始，已历约十七个世纪，但以大、小麦为绿肥者，则首见于宋应星之叙述。

有明一代，对于肥料学的记录相当齐备，像徐光启的《农政全书》、袁黄（即袁了凡）的《宝坻劝农书》、佚名的《沈氏农书》。可以说，除了没有今天的化学肥料外，中国的肥料体系，在明代已经完备。

（三）田间管理

在书中，宋应星称田间的实际生产工具和工作叫“稻工”。他说：“如果耕牛已力穷，两人扛悬着‘耜’（犁田之农具），项背相望而翻土，两人工作一天，仅敌一牛之力……说到牛，中国有水牛、黄牛两种，水牛力倍于黄牛。但畜养水牛，冬天要给它筑土室御寒，夏天要带它到池塘浴水，要花的心计，也倍于黄牛……在吴郡（苏州）一带，农夫以锄头代替‘耜’，不借牛力。我看到贫农人家，计算购牛之值，也和畜养的费用，与被窃、害病、死亡的风险相当，就干脆用人力，假如有牛，可以经营十亩的稻田，无牛以锄殷勤耕作的，只能经营一半。既然已经没有牛，则秋收后，不必在田间种饲草以牧牛，而菽、麦、麻、蔬菜都纷纷可种，以再获得补偿那另一半被荒之田地，所得与二获稻也差不多了……”

由这段可以看出，宋应星对于经营的细节都注意到了，并相当有会计观念。而“耕”后便是“耘”的功夫，他说：“凡稻分秧之后，数日内旧叶萎黄，然后再生新叶，青叶既长，便施以‘耔’，手持木杖，用足敷泥把根巩固，并将水草踏平，使之不生。这样，田间的杂草，遇耔便屈折而死，而较盛的杂草如稊稗荼蓼，不是足力可以除去的，则‘耘’以继之。耘的功夫靠腰手，及两眸分辨的敏捷。杂草除去，稻谷便更加茂盛了！”

（四）水从哪里来？

稻田是最需要水的，水利灌溉也一向是中国传统农业生产的重要课题。不论是农田水利工程，或灌溉器械，中国都很早有发明，发展出一套有效率的方法和工具。

《天工开物》里，提到的灌溉器械有：筒车、牛车、踏车、拔车、风车。他说：“筒车灌水昼夜不息，百亩田都可无忧。若湖池之水非流动的，则以牛力转盘（按此即翻车、或称龙骨车），或聚数人以人力踏转。车身直径长的有二丈，短的一丈，抵一人竟一日之力，可以灌田五亩，若用牛力，则可灌田十亩。另外池更浅小的，用更小的水车，只有数尺之长，一人用两手疾转，一天可以灌田二亩。扬郡（扬州）有一种借风力转动的风车，风帆数扇，风息则止，这种风车是要救水潦用的，能除去积聚之泽水，以便利于栽种。”

五、种麦及其他

（一）麦的栽培

宋应星是南方人，对于中国人最重要的主粮“稻米”，用了最大的篇幅描述。对于北方最重要的主粮“麦”，也颇多记述。

首先，宋应星分析了麦的主要品种：“小麦称‘来’，是麦之长也，大麦叫‘牟’或‘穬’；杂麦称‘雀’或‘荞’。这几种麦，播种同时，花形相似，粉食同功，通称麦。”

在进行栽种之前，首先对于麦的种子，要作预先处理。他说：“在陕洛之间，人们担心麦种受到虫害，便将砒霜混在种子中，但在南方则用灶灰处理。”

播种时，“在北方用牛牵一种‘耧子’，能种也能耕。这耧子方言又叫‘镪’。在镪中盛一个小斗，将麦种贮于内，斗底以梅花眼镂空，牛走时摇动，种子则从眼中撒落，若要求密而多，则鞭牛疾走，便撒落得多；若要求稀而少，则让牛缓走。撒过种后，用驴拖着两个小石团，压土埋麦，土要紧压，麦种方生。南方土壤不同于北方，种麦要多耙多耕之后，用灰拌种，以手拈而种下，种过之后，随即以脚跟压土，让土质紧一点。”

与宋应星约同时代的李时珍，在他那本伟大的著作《本草纲目》里也提到：“北方人种麦，用‘撒播法’；南方人种麦，用‘撮播法’”（见《本草纲目》卷二十二谷部小麦条）。

所谓撒播、撮播，和前述宋应星所描述的一样。就是到了近代，也和这四五世纪前人们所用的方法，没有两样。事实上，目前还有许多的工艺技术，是已经传承千百年的传统结晶，有更多的是只残存或多或少的遗迹，只是我们没有发觉而已。

（二）麦的田间管理及病虫害防治

基本上，宋应星是南方人，在南方行稻麦二期作的地方，麦的地位远逊于稻；而在北方二年三作的地方，麦比春作的粟及其他杂谷，味美且商品价值大。所以当然，出自北方系统的农书，会偏重于麦的记录，出自南方系统的农书，便较偏重于稻。

因此，宋应星说："凡麦与稻，开始时的垦土耕田是一样的，播种以后，则稻需勤苦地去耘、耔，而麦只要施以耨就可……凡耨草用阔面大镈（似锄），麦苗生后，耨不厌勤，余草生机，尽诛于锄下，则整亩麦田都是精华……"

宋应星对麦的了解并没有错误，但比起出自北方的氾胜之《氾胜之书》（汉代）、贾思勰之《齐民要术》（北魏），便显得不够深刻了。

对于麦的病虫害防治，宋应星说："要防麦的灾害，比稻只要花三分之一的工夫……麦的性不须怎样吃水。在北方，仲春之季下雨两次，雨水若有一升，则麦粒饱实。荆、扬以南（约长江以南），唯患霉雨，倘若成熟之时，晴朗干燥有十日左右，则仓廪皆盈不可胜食。扬州的谚语说：寸麦不怕尺水，尺麦只怕寸水。意思是说，麦初长时，不怕水，任水灭顶也无伤。麦成熟时，只怕寸水也会使根软、使茎倒；麦粒尽烂于地面。"

除了水患之外，宋应星又说麦的两个克星是雀和蝗虫。

（三）关于其他作物

〔黍稷粱粟〕

北方人，除了将粳稻称作“大米”外，将其余似米的谷类都概称之“小米”。事实上，小米包含了很多同源相异的品种。宋应星说：“凡粮食，米而不粉者，种类很多，相去数百里，则色味形质随地方而变，大同小异，千百其名……凡黍与稷同类，粱与粟同类……”然后，对于几种品种，说明了它的定义。

然而，“黍稷之为物，后世几莫能辨之，说亦言人人殊……”（见商务人人文库，郎擎霄著《中国民食史》）“通常讲来，中国的‘小米’包括种属不同而性能相近的两种植物：粟属和稷属。粟属和稷属每属又包括许多种类，内中大多至今仍被目为野草，只有少数几千年来经人工培植，成为干旱和半干旱区域的主要食粮”（见何炳棣：《黄土与中国农业的起源》），这是中国农业史中一个饶富意义的问题，值得进一步去溯源求解答。

〔麻〕

宋应星对于古人将麻算入五谷，颇表怀疑，他说：“古者以麻为五谷之一，若专以火麻（即大麻）当之，则义岂有当哉？我以为古诗书所记五谷之麻，或其种已灭，或即菽、粟之中别种，而渐讹其名号，皆未可知也。”

宋应星所知道的麻，是火麻、胡麻两种。他相当推崇胡麻，他说：“胡麻相传西汉始从大宛国传来……今胡麻味美而功高，即以之居百谷之冠不为过……以一点胡麻充肠，则多时尚不会饥饿，各种粔饵饴饧若粘其粒，味高而品贵，其为油也发得之而泽、腹得之而膏、腥膻得之而芳、毒厉得之而解，农家能广种，则可得丰厚的实利！”

这曾经是西域传来的东西，得到宋应星这么高的评价，也并非没有道理。不过以今天的眼光来看，宋应星之赞并无特殊的必要。宋应星之于胡麻，或可比拟于今人之于咖啡吧，那或是时代的流行，中西文化交流的另一面。

〔**菽**〕

菽，就是豆的总名，养分很高，宋应星说：“菽的种类很多，与稻、黍相当，播种收获之期，可以四季相承接。它对人类果腹的功能日益增加，盖与饮食相终始。”

豆类首要是大豆，大豆大分有黑、黄两种，黄豆又分五月黄、六月爆、冬黄三种，另江南有高脚黄。

其他提到的豆类有：绿豆、豌豆、蚕豆、小豆、白藊豆、豇豆、虎斑豆、刀豆。

宋应星最独到的发现是：“凡耕绿豆、大豆的用地，以耒耜耕时须浅，不宜深入，因为豆的根短且苗直，若耕土深，则土块曲压，则不能生长起来的半矣。深耕二字不可施之菽类，此先农之所未发者。”这也可见宋应星对自己洞识能力的自信。

六、谷类的加工调制

宋应星以一个专篇，来记述谷类的加工调制，尤其偏重于稻麦。看到《天工开物》里，对于这些技术的记录，我们倍感亲切，因为那些记忆，仿佛我们在今日的农村里依然清晰可见。

稍微有过农村生活经验的人，应能稍记得收获的时候，农人们怎样地在割稻、打谷、脱谷、碾米，然后成为白花花的精米。宋应星说稻米的调制有两个方法："一为持着稻穗束打向木桶或石板，使谷粒脱落；另一为将稻穗聚在一个小场地内，用牛牵引石臼滚之，令谷粒脱落。"

后者比前者可省力百分之七十，但要注意"作种的谷不能用后者之法，因将使种子受伤，会减削发芽的能力"。

这一手续，在台湾早期的农村，仍以脚踏为动力的打谷机为之，道理是相仿的。

接着，用风车除秕（未发育的谷粒或杂物）进一步精制，从《天工开物》的附图看，这种风车和今天农村尚使用的，相当相像。

然后，就是去谷壳了。脱壳用"砻"，进一步除糠碾白用舂和碾。砻有土砻、木砻两种，前者脱谷二百石，砻便报废，凡庶民饔飧，皆出此中；后者可脱谷二千石，"入贡军国公用，漕储千万，是用此法"。

以砻脱谷，再一次用风车去糠秕，然后用筛筛之，筛完再砻一次，之后用臼碾白，大量生产则借水力，以水碓碾白。“水碓可省人力十倍，依流水量的多寡，所设的臼数量不一，流水少而地窄只二三臼，流水多而地宽者，可并列十个臼。”（按：今台湾多有地名为“水碓”者，如新北市近郊淡水即有，便是因此而得名。）

其次，说到麦的调制：“小麦的本质是面（粉），这是小麦最精制的，就像是稻中再舂的米。……小麦收获时，取麦穗击之使之脱粒，北方没有风车，以自然风力去秕。小麦既扬之后，以水淘洗，尘垢净尽，然后晒干入磨，使之成面粉……凡质佳者，每石小麦可得面粉一百二十觔（即斤），劣者，损失三分之一，得八十觔……磨坊用牛力最大，一天可磨麦二石，驴其次，可磨得一石，人更次，强者只三斗，弱者只一斗半。若用水磨（若前述之水碓），能力是牛的三倍……石磨的材料影响面粉的质量也很大。以池郡九华山（安徽省青阳县）最佳，以此石制磨，石不发烧，麦麸（小麦之皮层）压极扁也不破，所以黑疵一毫不入，而得面粉至白也！……麦经磨后，几番入箩，这箩筐以丝绢为底，用湖丝所织之箩底，筛面粉千石不损，他地方之黄丝，筛过百石便朽坏了。”

七、主要的经济作物——甘蔗

《天工开物》里提到很多种经济作物，像木棉、苎麻、染料等，其中描述得最生动，也是最重要的是：甘蔗。

甘蔗是热带作物，产于中国南方。从现存的史籍看来，中国人在东汉以前，已经种植甘蔗，到东汉末期，才发明用甘蔗制成含较多杂质的蔗糖。

生于宋应星前四个世纪，南宋绍兴年间的四川遂宁人王灼，写了一本《糖霜谱》，记述唐朝大历年间（766—779），有个西域（印度）来的邹和尚游至四川遂宁，在这里留下制糖的技术。宋应星沿袭这个说法，认为“凡蔗古来中国不知造糖”是不对的。事实上南北朝时代贾思勰著《齐民要术》、陶弘景著《名医别录》，都记录了中国人以蔗造糖。

但在《天工开物》之前的农书，以元朝“司农司”（农业部）撰的《农桑辑要》记录甘蔗为最早，这本农书记载甘蔗的栽培及制糖，一共只五百字左右。徐光启撰《农政全书》，以《农桑辑要》为蓝本，多述百余字。而出身于盛产甘蔗的江西的宋应星，以约二倍于《农政全书》的分量，记录了甘蔗的栽培和制糖。

和我们今天一般性所了解的一样，宋应星把甘蔗分成两种：“一种百分之九十出产是闽、广间的，像竹子般大，是果蔗，可以截取生啖，蔗汁适口，却不能造糖。另外一种像荻般小，是能制糖的糖蔗，口啖即棘伤唇舌，人不敢食，只用以制白糖及红糖。”

种甘蔗必须用“灰沙土，以河滨洲土为最佳……次为离山四五十里，平坦、阳光充足、土质良好的洲土。”

“初冬时霜将至前，将蔗砍伐，去杪去根，埋藏于排水佳良的土内，雨水前五六日，在天晴的时候取出，剥去外壳，切成五六寸一节，以两节为一组密置地上，头尾相枕微以土掩覆……芽长一二寸时，频以稀薄粪水浇之，等长至六七寸时，便锄起来分栽之。”

制糖的部分，我们另于讨论食品的部分再述。

耕

桔槔
墜石
井

水車

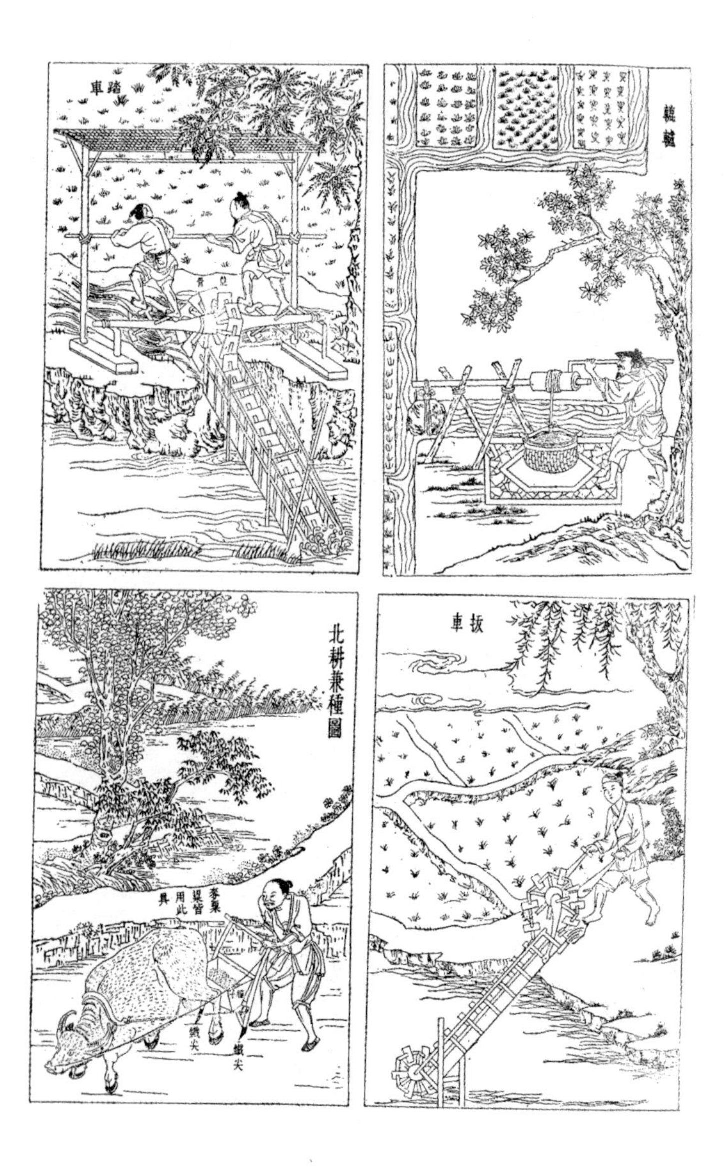

踏車
轆轤
北耕兼種圖
麥粱皆用此具
鐵尖
鐵尖
扳車

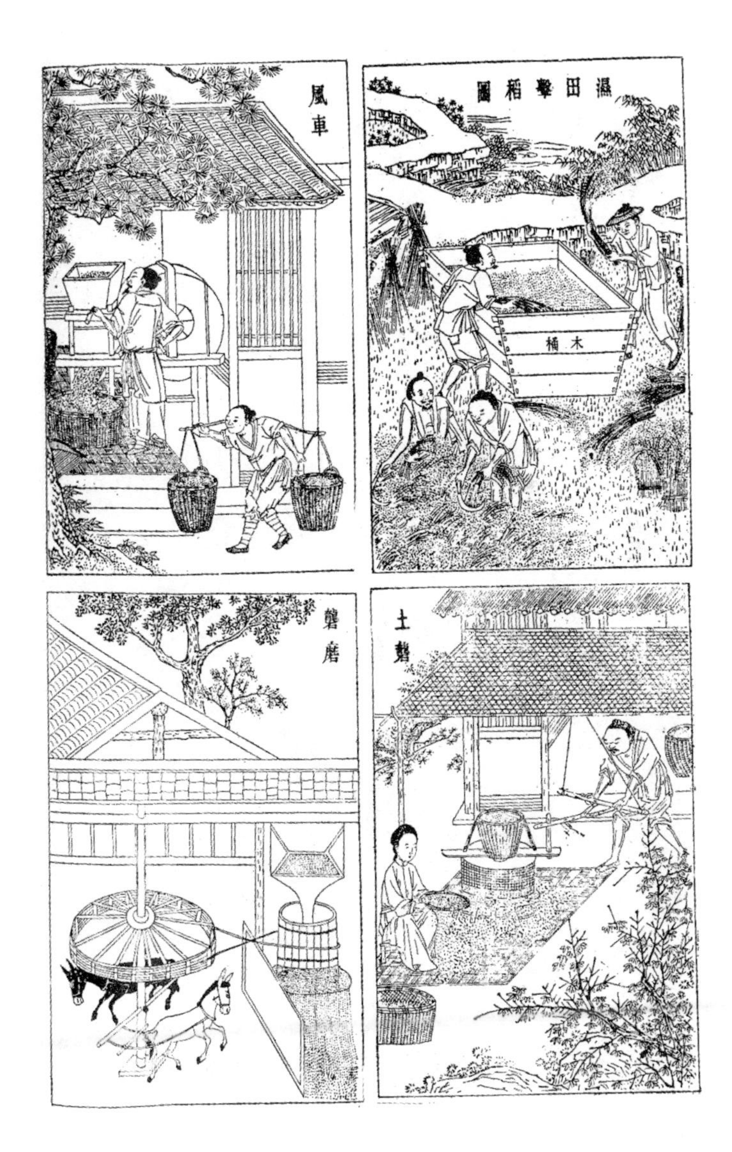
風車
濕田擊稻圖
木桶
礱磨
土礱

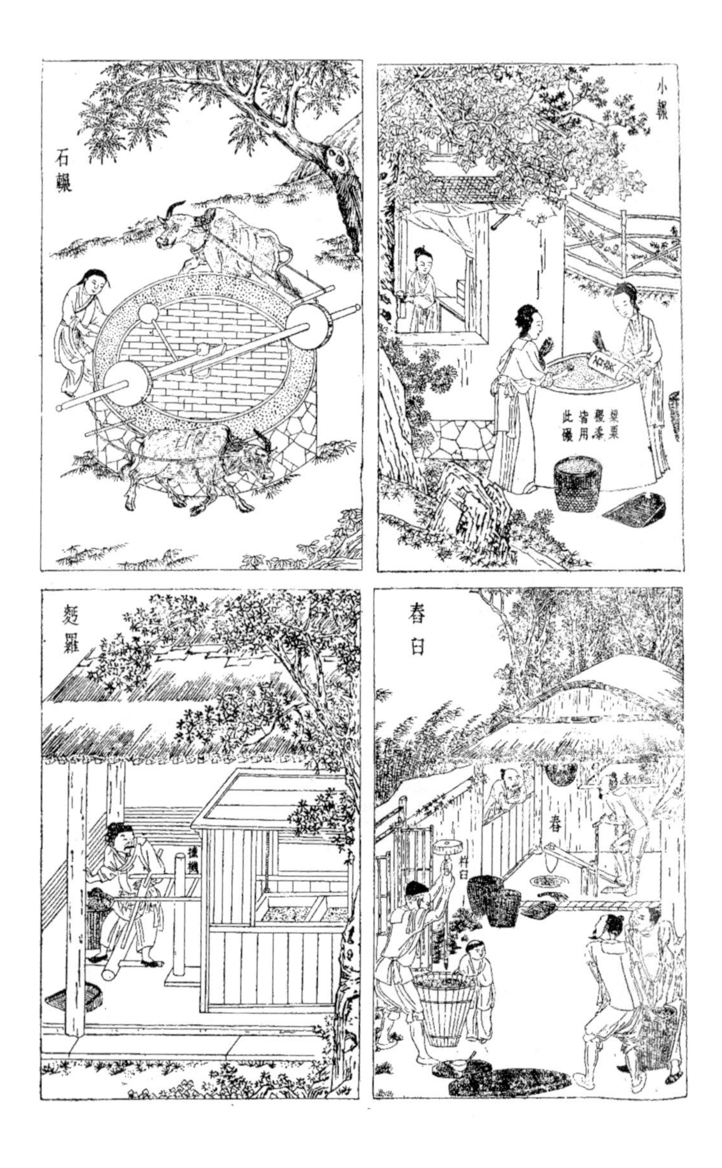
石碾
小碾
粱粟穄黍皆用此碾
麪羅
舂臼
杵臼
舂

第五章 《天工开物》里的食品制造技术

一、明代的饮食生活

明代有两本著名的小说，生动地描绘了当时人们日常生活的情态。一本是描写江南民间的《今古奇观》，抱瓮老人著（真实姓名已不可考）；另一本是写北方山东乡间的《金瓶梅词话》（确实作者亦已不可知）。

这两本脍炙人口的明代小说，表现了当时分工较细化、工商业较发达的社会背景下，人民日常生活的多样化。对于开门七件事“柴米油盐酱醋茶”的生活主题，也有所记述。

像《古今奇观》卷十四《宋小官团圆破毡笠》。宋金沦为乞食者，偶遇老父至友刘有才，便先叫女儿宜春，“把冷饭泡了热茶给他吃”。卷二十四《陈御史巧勘金钗钿》，贫困的鲁公子到姑姑家借米，给他饭吃，临走时送给他“一包白米，和些瓜菜之类”。卷十一《吴保安弃家赎友》里引当时人常言道：“巧媳妇煮不得没米粥”，也就是一般人说的“巧妇难为无米之炊”。这些故事说明以米为主食的普遍。

在北方，白米是珍贵的东西。据称，唐代的时候，衙门的官给伙食是白米饭。《金瓶梅》提到，官绅的好筵席常用白米饭类，如第十回有“软炊香稻”、第三十一回有“割肉水饭”、第五十二回有“绿豆白米水饭”。一般的庶民就吃面粉类及其他杂粮，《金瓶梅》内列了好几种，像：馒头、烧饼、炊饼、烙饼及各种汤面，都是至今随处可见的。

主食的情况如此，副食更加琳琅满目。

一般的农民，仍是自给自足为主的小农，副食大都是自己营种的蔬菜、菽类。另以腌酱来保存剩下的，如豆酱、腊肉、鱼鲊(鲊系以腌过的鱼片和米饭，一层鱼一层饭装入坛中，上以石头压之，置数十日后，米饭会发酵，由其乳酸作用会带有酸味，又称糟鱼)。

其他糖饴、酒类、水果、油品，名目很多，而且主要的，这些食品的加工技术，相当出色。很多技术传承了千百年，传到民国以后的手工作坊，仍然沿用。

《天工开物》里对食品化学、食品加工有很生动的记录，内容分布于第五篇《作咸》(制盐)，第六篇《甘嗜》(制糖)，第十二篇《膏》(制油)，第十七篇《曲蘖》(制曲造酒)。我们底下，也依这四个单元向您介绍。

二、制盐

盐是人类生活的必需品，不只是调剂食物的味料，更是人体组织中不可缺少的营养素。自古以来，不论中西，人类即为确保盐产而费尽心机。

我国文明对于盐的认识和掌握甚早，《尚书·说命》篇有“若作和羹，尔惟盐梅”的话。周朝百官中设有“盐人”专司制盐的事。夏周之文明、三晋之兴起，亦莫不系于运城（约在山西安邑县旁，古名又叫“司盐城”）之盐池；齐国以管仲为相，管仲大力发展盐业，收入大量的盐税，此为齐国强盛的一个主因；汉初，冶铁、铸钱、制盐成为三大工业，武帝时实行盐铁专卖制度，因此有《盐铁论》的大辩论，盐业居国家经济的主导地位。历代朝廷都很重视“盐政”，当然这都是站立在一定制盐技术的水平上而发展的。

盐以各种形式存在于自然界中，《史记·货殖列传》说：“山东食海盐，山西食盐卤”，盐卤即池盐。在《天工开物》里，宋应星很进步地将盐分类成：海盐、池盐、井盐、土盐、崖盐、砂石盐六种。各种不同形式存在的盐，当然各有不同的制取方法。就中，应以海盐、池盐、井盐，因出产多而较为重要。

（一）海盐

海盐的产量最大，盐场的规模也最大。《盐铁论》上说，汉代大盐场有千余工人之多。魏晋之时，阮升在《南兖州记》（兖州在山东境内）说：“南兖州盐亭一百二十三所，县人以渔盐为业……公私商达，充实四远，舳舻往来，恒以千计。”

《天工开物》对海盐的制取所记颇为周全。宋应星按海滨地势的高低，将海盐的制法分成三种：“地势最高的地方，潮波不会覆没，此地便可种盐。在一个预期明朝不会有雨的日子，广布稻麦藁灰及芦茅灰于地上寸许高，压使平匀。待明晨露气冲腾，而盐卤已附于草灰上。日中晴霁，将灰及盐一起扫起淋煎。”

其次一种，“地势稍高海水浅没的地方，不用灰压，等潮水一过，明日天晴，半日场内便晒出盐霜，很快地将它扫起煎炼。”

最后一种，“地势最低的地方，先掘深坑，横架竹木，上铺席苇，再铺一层沙于席苇之上，俟潮灭顶冲过，卤气便由沙渗下坑中。撤去沙苇，以烛灯之，卤气冲灯即灭，取卤水煎炼。”

可见得，海盐的制备，尤其是高地盐场，是要经过淋卤、煎卤两道手续。淋卤的技巧，是制盐过程中一个重要的环节，和产盐的质与量都很有关系。

宋应星说：“淋卤时，掘坑二个，一浅一深。浅的尺许，以竹木架芦席于上，将扫来（附着于灰）的盐料铺于席上，四周隆起作一隄垱形，再以海水灌淋之。另一个深坑，接受淋过的盐汁，然后入锅煎炼。”这一手续的目的，是使灰中的盐分再溶于淋下的盐水中，使卤水中食盐的浓度增大。

盐卤制成以后，便要接着煎盐，宋应星说：“凡煎盐锅，古谓之牢盆，亦有两种制度。”一种是铁盆，一种是竹盆。竹盆煎盐是中国人发明的，别的民族没有。盆底须涂以蜃灰整理才能耐火，在唐代就广为南海一带的盐民所用。薪火煎盐，盐盆内便得白花花的盐结晶了。

（二）池盐

池盐“宇内有二个产地，一出宁夏，所产供食边镇；一出山西解池，所产供山西、河南一带诸郡县。”（引《天工开物》原文）

池盐的制备比较简易：“种盐者，在盐池傍设耕地畦陇，引池水至所耕畦中，忌浊水渗入。在畦中即得淤淀盐脉。凡如此引水种盐，春间为之，久则水成赤色，待夏秋之交，南风大起，盐便一宵结成。”这种盐粒颇大，和细碎的海盐不一样。

（三）井盐

井盐在我国有悠久的历史，盐井大都在四川境内。晋朝常璩写《华阳国志》就说：

“秦孝文王（前250），以李冰为蜀的太守，冰能知天文地理，又能识察水脉，穿凿广都（约在华阳附近）的盐井，蜀于是盛有养生之饶焉。”

十几年前，成都附近曾有一个汉代古墓出土，内有几块汉砖，十分清晰地留有汉代井盐场的全景。盐场的布局大致是这样：左方有一口大盐井，井上有架，架顶端有滑车。架上有四个盐工，两两相对在汲盐卤。卤水经由笕管翻山越岭送到右方的盐灶。灶房内有盐缸，卤水由盐缸挹入盐锅，五口锅分置于五个灶上，灶前有人添柴扇风。

这是一幅生动的井盐生产图。

但在这图上，我们看不出一个井盐生产的关键，那就是：盐井开凿。

古代的盐井，是由大口浅井演进到小口深井的，这是一个进步的趋向，因为小口深井易凿，而且管理起来方便。这种小口深井始于北宋，将井盐生产带入一个新时代，这也是井盐生产技术和凿井技术日趋成熟的必然结果。在宋应星的时代，他所看到的，就完全是“盐井周围不过数寸，其上口一小盂覆之有余，深必十丈以外”的小口深井了。

这种小口深井的开凿，是和钢铁冶炼技术分不开的，只有质地良好的钢铁工具，才可能穿凿深十丈以上的地下岩层。因此，宋应星说：“造井功费甚难。凿井用的铁锥如碓嘴形，十分尖锐刚利。以竹片缠绳夹悬此锥，舂深入数尺，再用竹片接前段。”连续舂深，则“深者半载，浅者月余，乃得一井成就。”

井及泉后，便以牛力转盘，用辘轳将盐井卤汲取而上，“入于釜中煎炼，顷刻结盐”。

宋应星没有详说，但值得特别一提的，是输卤管道的技术。

输卤管道叫作“笕”，“以大斑竹或南竹，将节打通，竹与竹间公母笋接连，外用油灰缠缚”（见《四川富顺县志》）如此做成。以竹做输送管路，是我们祖先相当聪明、经济的发明。因为，竹材产量多可以广泛就地取材，斑竹、南竹管径大，质地坚韧，不怕盐卤腐蚀，这是金属管所不及的。而且竹材的质地轻，架设施工简便。这样，依“初受水处高于泄水处”的原理，利用优越的“笕”管路，将分布于各山区的盐井和作坊连成一条生产线，或铺于地面，或沉于水中，针对不同地势，翻山越岭纵横穿插，蔚为奇观。

三、制糖

糖的消费，可以视为人类文明的尺度，因为，对于糖的需求是随着生活质量提升而提高的。它不像盐是人体不可缺的营养素，因此制糖的技术，通常起步较慢。像《周礼》记载天子的膳夫，有盐人、酒人、醯人，但未见糖人。

“糖”字出现得很晚，汉代的《说文解字》里就没有这个字。要到5世纪左右的《齐民要术》才见到。但和糖同义的餹、饴在汉代的古籍多所见。中国人最早利用的糖，是天然存在的蜂蜜，和把淀粉质的谷物水解而生的麦芽糖。这种麦芽糖很得大家的喜爱，东汉光武帝的妻子马皇后就说过：“吾但当含饴弄孙，不能复关政矣。”

以甘蔗制糖是较晚才得发展的。根据正史的记载，首次以甘蔗制糖的记录在《新唐书》卷二二一《西域列传》里：“贞观二十一年（647）……太宗遣使取熬糖法；即诏扬州上诸蔗，榨渖如其剂，色味愈西域远甚……”

但远在此前，如屈原《楚辞》里就提到“柘浆”（即蔗汁）。由蔗汁很容易得到粗糙、含杂质较多的赤砂糖。中国的传统制糖史，应可以如是观：唐以前，约东汉末期，中国人能自制赤砂糖；唐以后，吸取印度的技术，进一步发展了制造白砂糖和冰糖的技术。

《天工开物》里，宋应星所记录的，就是较进步的制白糖技术。第一步先压榨：“造糖的车械，用横板二片，长五尺、厚两寸、阔两尺，两头凿洞安列四支柱子，使二片横板上下平行立于地上。横板中央穿笋，上笋突出少许，下笋出板二三尺，埋筑于土中将板固定。上笋凿二眼，插入巨轴两根，一根三尺长，另一根四尺五寸，长的这一根安犁担，此犁担用屈木，长一丈五尺，两根分系于牛身上，然后驾牛团转走。笋轴上凿齿，上下分雄雌（凹凸），甘蔗夹于其中，一轧而过，蔗过浆流。重拾起，从轴上的鸭嘴再次投入，一共可轧三次，其汁尽矣。”

把蔗汁压榨出来后，接着将蔗汁下锅煎熬：“取蔗汁煎成糖，将三个锅并列成品字，先将稠汁聚于一锅，然后逐渐加稀汁于两锅之内。熬糖火力须强，若束薪少，则糖成顽糖，起沫不中用。”

最后，是结晶之得到白糖：“看蔗汁水花为火色，其花煎至细嫩，好像煮羹在沸腾，用手捻试，粘手，则差不多成了。此时糖浆尚为黄黑色。用桶盛贮，则凝成黑沙。然后用瓦溜搁在一个缸上（瓦溜是瓦质的大漏斗）。这个瓦溜上宽下尖，底为一小孔，用草将孔塞住，将桶中黑沙倒入，等黑沙结定。然后去孔中塞草，用黄泥水淋下，则其中黑滓入缸内，溜内便成为白糖了。”

1934年左右，郑尊法由商务印书馆出版了一本《糖》，里面记载当时手工业制糖的步骤和方法，和《天工开物》里所记录的，不论是方法、过程，或所使用的器具、装置，没有什么大的差别。这显示在近代机械化大量制糖之前，《天工开物》时代的旧技术，已达到相当高的水准。

四、制油

“天道平分昼夜，而人工继晷以襄事，岂好劳而恶逸哉！使织女燃薪、书生映雪，所济成何事也？草木之实，其中蕴藏膏液，而不能自流。假媒水火，凭借木石，而后倾注而出焉。”

这是宋应星写于《天工开物》第十二篇前的序言，第十二篇讲的是制油技术。这个小引，道出了宋应星的基本科学思想，也引出人类向“草木之实”求取“膏液”的概要。

这些“草木之实”是些什么？宋应星将它们分列得很清楚：供馔食用的油，以胡麻、莱菔子、黄豆、菘叶子为上品。苏麻、芸薹子（菜子）第二，茶子第三，苋菜子第四，大麻仁第五。

供燃点用的油，则以柏仁内的水油为最好，芸薹第二，亚麻子第三，棉花子第四，胡麻第五，桐油与柏的混合油最末。

造蜡烛，则最好的是柏皮油，蓖麻子第二，柏混油加白蜡第三，诸清油加白蜡结冻第四，樟树子油第五，冬青子油第六，北方广泛使用的牛油为最末。

各种“草木之实”的得油量，也颇悬殊：

如胡麻、蓖麻子、樟树子，每石可得油四十斤。莱菔子每石得油二十七斤。芸薹子每石得油三十斤，但若勤耕且土地肥沃，榨法精到者，可得四十斤……由此可见，宋应星的观察是多么仔细入微啊！

古代富于狩猎和畜牧经验的中国人（尤其在北方），很早就知道使用动物性油脂；至于植物性油脂的取制，就不知道始于何时何人了。但我们倒可以确定一件事，那就是，《天工开物》里所记录的制油技术，一直沿袭到民国二三十年代，还在流行。

宋应星所记录的制油技术，大致上是这样的：

“制油，除了榨油法外，蓖麻和苏麻是用煮取的，另外北京用磨法取胡麻油，朝鲜用舂法取胡麻油。

“榨油机械，主要是一根榨木。榨木要粗可围抱，中间挖空之。此木以樟为上，檀与杞次之……一次可榨油之量随木中空间大小而不一，大者受一石有余，小者受五斗不足。在榨木内，划出平槽一条，长约三四尺，宽约三四寸，下沿凿一小孔，引导油流出……另有一根撞木，用以撞击榨油。撞木和受撞之处，都用铁裹住，怕木质披散也。

“榨具整理好，另方面，将各种麻菜子入釜中，以文火慢炒，透出香气，然后碾碎受蒸。釜要平底，子仁在内翻拌要勤，若釜底深翻拌慢，则火候交伤，油质会丧减……蒸好后，取出用稻麦的穗秆包裹成饼形，饼外圈箍……熟练的制油者，能疾倾疾裹而疾箍之，得油之多的秘诀在此……包裹既定，装入榨中至满，挥撞挤轧而流泉出焉矣！”

五、制曲造酒

说起中国的酒史，非常精彩。有了酒，才有那么丰富瑰丽的唐诗，才有写“会须一饮三百杯”“五花马，千金裘，呼儿将出换美酒，与尔同销万古愁”的李白。酒的发明极为早远，大约在粮食的生产稍有剩余的时候，人们就在贮藏的过程中，发现了酒这个迷人的东西。当我们走进故宫博物院，看到那么多殷商时代各式各样的酒器，我们就会了然于我们的先民，应该是很会喝酒。

酿酒技术最原始的是天然发酵。以化学的观点来看，凡是麦芽糖、果糖、葡萄糖类，都可以直接和空气里的酵母菌起作用，而产生出酒精，这是天然发酵酒，一般水果酒是这样得来的。但远在殷周时代，我们的祖先，就用黍和其他五谷类来造酒。这些黍谷含的是多醣类的淀粉，淀粉必须经过水解糖化作用，转变成麦芽糖，才能和酵母菌起作用。因此，殷商之人早就脱离了天然酿酒，而普遍地行谷物酿酒，并且，更进一步发明了以“蘖”酿酒，再发展了以“曲”酿酒的较高技术。

“蘖”是发了芽的谷粒，植物自身在发芽时会产生糖化酵素，使淀粉水解成糖，以供发芽生根的需要，因此，只要选择相当的蘖，就可省去糖化的手续，而直接和酵母作用酒化。“曲”，则是以谷粒利用空气中的微生物久置培养，以得到使淀粉水解糖化的丝毛状菌，和促进酒化的酵母，这样的谷粒变化物。利用“曲”，使谷物酿酒的手续由二道集为一道，直接一次就可酿酒。

用蘖酿，会得到较薄味的“醴”，因此宋应星说：“后世厌醴味薄，遂至失传，则并法蘖亦亡。”剩下以曲造酒，流传百代。

以曲酿酒虽然是一种最进步、最方便的方法。但是要培养良好质量的曲，却不是一蹴即可。因为，空气中的微生物种类很多，各种酵母菌、丝状菌和其他细菌，都有可能和酿物起作用。它们固然有些会如期地使曲的糖化、酒化作用突出，但也有很多菌种会使淀粉酸化，或使蛋白质腐败发臭。只有尽量地使曲的糖化、酒化作用突出，而不要其他的作用发生，这才是好曲，才能顺利地应用于酿酒。

如何制得所需要的酒曲，又如何能使制得的酒曲有最高的酿造效率，且副作用最小，便是秦汉以降，酿酒手工业发展的主要课题。综览中国的酒史，也可以说，中国酿酒技术的成就，便是表现于制曲技术的向上发展。欧洲一直要晚到19世纪末，才向中国学得以曲制造的技术。

在《天工开物》里，宋应星便说到制曲的品质管理，在于几个人为的条件：“凡造酒母（曲）的人家，须戒慎小心，若生黄

（制曲的一个过程）不足，视候不勤快，盥拭不洁，则得的曲有瑕疵，动辄败人石米（酿物），故市曲之家，必信著名闻，而后不负酿者。”

宋应星描述制曲的过程，他说：“麦曲，大小麦都可以用，造者将麦连皮用井水淘净，在盛暑天晒干，然后磨碎，水搅和之做成块，用楮叶包扎起来，悬挂有风处，再用稻秸罨黄，经四十九日取用。

面曲，用白面五斤，黄豆五升，以蓼汁煮烂。再用辣蓼末五两，杏仁泥十两，和踏成饼，用楮叶包扎悬挂有风处，以稻秸罨黄，法亦同前。”

特别值得一提的是，宋应星专节介绍的“丹曲”，即现在习称红曲。

红曲的产生，是得自于一种“红米霉”的菌种而引起发酵。红米霉的繁殖很慢，很不容易，在空气中很容易就被其他繁殖迅速、繁殖力强的菌种所压倒。不同于其他菌种，红米霉又是一种需要较高的温度，才能繁殖的霉菌。平常制曲的时候，只偶尔会在曲块的内部深处，有一丁点大的红点出现。就是利用这些小红点再加以纯化培养，便造成红曲。

如果没有细心的观察、长久的经验，和相当的培养技术，何能造出这独一无二的妙品！宋应星称赞它说：“法出近代，其义臭腐神奇，其法气精变化！”

和宋应星约同时代的李时珍也说：“此乃窥造化之巧者！”

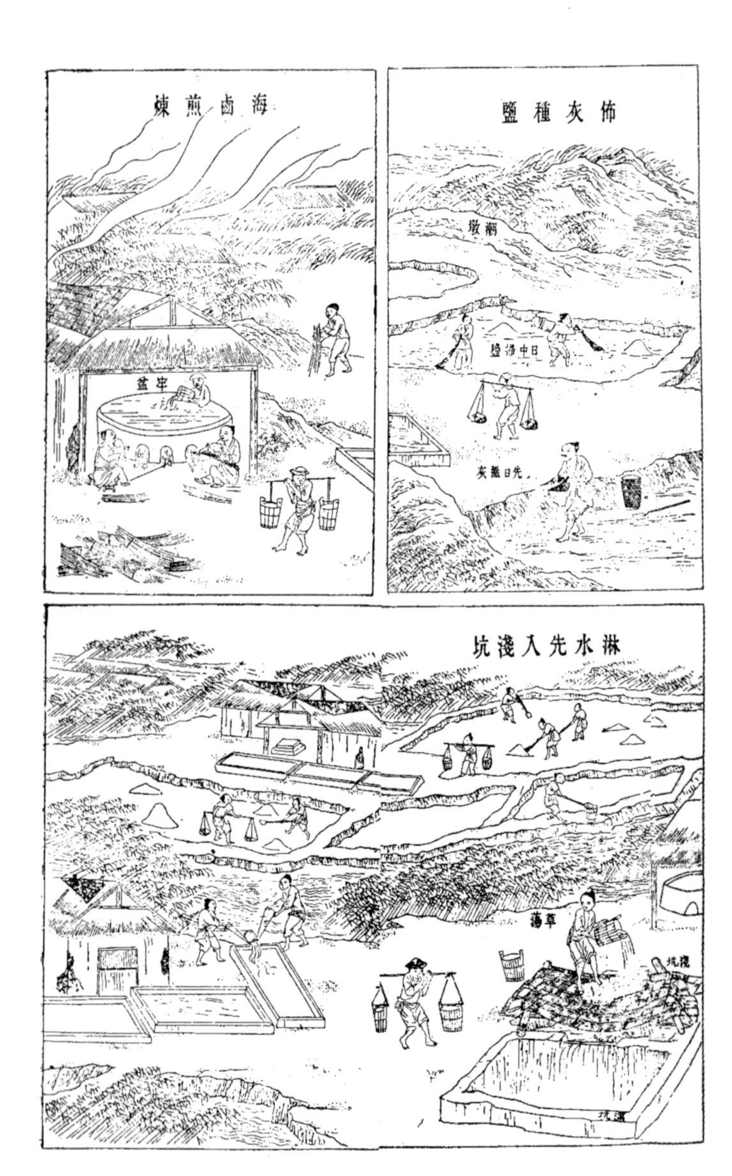
海鹵煎煉
牢盆
佈灰種鹽
潮墩
日中掃鹽
先日撒灰
淋水先入淺坑
草蕩
淺坑
淺坑

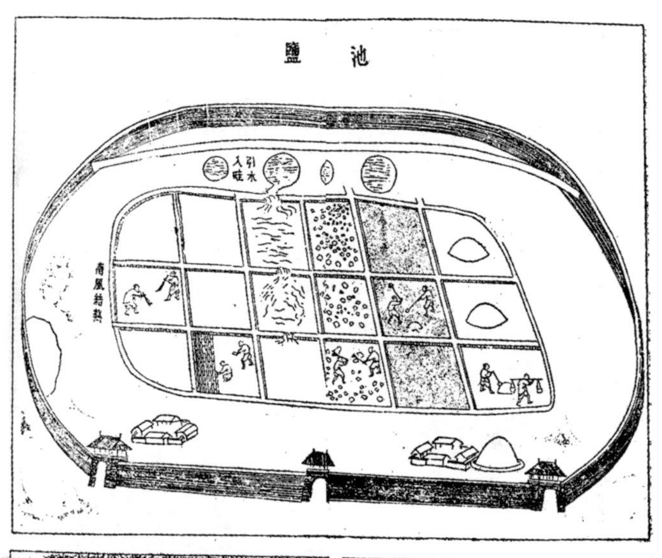
鹽池
引水入畦
南風結熟

下石圈

蜀省井鹽
開井口

鑿井

製木竹

汲鹵

場竈煮鹽

凡造獸糖者每巨釜一口受糖五十斤其下發火慢煎火從一角燒灼則糖頭滚旋而起若釜心發火則盡盡沸溢于地每釜用雞子三个去黃取清入冷水五升化解逐匙滴下用火糖頭之上則浮漚黑滓盡起水面以笊篱撈去其糖清白之甚然後打入銅銚下用自風慢火溫之看定火色然後入模凡獅象糖模兩合如瓦爲之杓寫糖入隨手覆轉傾下模冷糖燒自有糖一膜靠模凝結名曰享糖華筵用之

第六章 《天工开物》里的金属冶炼技术

一、金属器物的文化

金属器物的发明、使用，是人类文明史最重要的里程碑之一。读历史，我们也惯于以器物使用的进展作为文化的段落，像石器时代、青铜器时代、铁器时代。器物的进步，提高了生产力，推动了各种社会活动。例如铁器的发明，划时代地改变了人类求生存的力量。当人类掌握了坚固、锐利的铁器，便可以扬弃那粗糙、易碎的石器，也可以超越了那稀有珍贵、却较软弱的铜器。铁器帮助人类扩大了耕种面积，开辟了更多可供居住的土地；它使人们在手工艺作活、庄稼……都做得更迅速、更有效率，也使人类更有信心地面对大自然和人类社会的各种挑战！

宋应星记录这些金属原料、器物，分量很重，一共分三个专篇叙述：

第十四篇《五金》——记金、银、铜、铁、锡、铅等金属原料的采炼。

第八篇《冶铸》——记金属（铜铁为主）的铸造技术，计有：鼎、钟、釜、像（铜）、炮、镜、钱。

第十篇《锤锻》——记钢铁的铸造技术，计有：斤斧、锄镈、鎈、锥、锯、刨、凿、锚、针。

经过整理和勾要，我们以下列四个子题来说明：

1. 钢铁的冶炼。

2. 铁的铸造、锻造技术。

3. 铜的冶炼和铸造技术。

4. 银的冶炼。

二、钢铁的冶炼

中国炼铁、冶铁器的起源很早。从近代大量出土的铁器，可以确认，至迟在战国时代，已是一个生铁铸造和熟铁钢铁锻造并存的时代。这是炼铁、铸铁、锻铁技术已趋于成熟的时代！这是中国人可以引以为傲的科技成就！

战国时代的冶炼钢铁技术，已脱离了早期幼稚的水平、软弱的成品，农夫和士兵普遍使用各种铁工具和铁兵器。在这个商业发达、商人活跃的时代，既然铁器已受广泛的使用，那么，应有以冶铁致富的商人。果然，我们可以在《史记》里，生动地找到几位“钢铁大王”。在《货殖列传》里，太史公“略道当世千里之中，贤人所以富者，令后世得以观择焉”，所以一共举了八位当代的工商业大亨，八位中有四位：卓、郑、孔、邴氏是钢铁大王，竟占有一半，其中如卓氏“铁山鼓铸，运筹策，倾滇蜀之民……僮仆千人，拟于人君”。这不可以谓之凑巧，而正可以看出战国时代至汉初冶铁业的蓬勃。

根据《山海经》（这部书被认为是战国时代的作品），前五卷《五藏山经》的记载，当时的中国人所知道的产铁矿处，一共有三十四个地方。整理这些产铁处，即可发现，它们大多位于落后的陕西、山西、河南、湖北四省；也就是当时秦、魏、韩、赵、楚所辖的地域。其中又以在韩楚两国的为多。在当时，秦昭王就曾说：“吾闻楚之铁剑利”，到了汉初人们还怀念“强楚劲韩”。然而，“劲韩”是六国中第一个向秦竖白旗屈服的，“强楚”在楚怀王时代被秦三败于丹阳、蓝田、召陵，后来甚至怀王也给诱虏到咸阳。在秦国初灭韩之前，已并有陕西全部、山西之一部、河南湖北之西部、川蜀全地，这片广阔幅员，提供了普遍制造铁器的资源，未始不是嬴秦制胜的一个原因。

到了汉代，雄才大略的汉武帝，在全国重要的产铁地方，设置了“铁官”以督责努力开发铁矿。依据《汉书·地理志》所记，到武帝元狩四年（前 119）的时候，全国共有四十九处设立了“铁官”。当时，兵器、农具、工具，以及汉武帝启用的“五铢钱”，都需要为数不少的铁。到汉元帝即位（前 48）的时候，御史大夫贡禹上书提到：铁官和铸钱官所用以采炼铜铁矿的“卒徒”多达十万人众。可见其规模之一斑。著名的《盐铁论》大辩论，铁是主角之一。

至迟在汉之前，中国人冶炼钢铁的技术，已经粲然大备，许多傲视世界的发明，如冶锻铸铁的技术、水力鼓风炉、百炼钢……都被广泛使用。

今天我们知道，铁在自然界中分布非常广泛，蕴藏很是丰富，是组成地壳的主要成分。但是和铜以自然形态存在的情形相反，纯铁在地球上几乎是找不到的。而且，铁成分很容易氧化生锈，只有与镍混合的铁才能免于腐锈，而含镍的自然铁又极为稀少。所以，人类自发现铁之为物后，需要经过相当经验、知识的累积，才能够从各种铁矿石中寻思提炼冶制的方法。

我们又知道，天然的铁矿石，如含铁量最多的赤铁矿，经过还原（通常都以木炭作还原剂，并借以为燃烧料），会得到含碳量较低（在 0.5% 以下）、熔点较高（1539℃），含有较多杂质，比较软，适合锻打的熟铁，又称锻铁、铣铁；如果提到较高的温度，达到比较熔融的状态，熔化更多的碳，便成为硬度较大，含碳量介于 2.5% ～ 4.5%，熔点低（约 1130℃），适合于型铸的生铁，又称铸铁。最坚硬的钢铁则是含碳量在 0.5% ～ 1.7%，并且没有渣滓的。

从含铁矿石炼得生铁或熟铁，这是冶铁技术的第一步。宋应星把铁矿石粗略地分成土锭、碎砂二种，前者分布于西北甘肃、东南泉郡，后者分布于燕京遵化、山西平阳。

稍稍前期的青铜器时代，冶铜需要有温度能达到1000℃以上的冶炉，因为铜的熔点约1000℃。铁的熔点更高，需要把冶铁炉的温度提得更高（一般要在1300℃以上），才能把铁矿石熔化出铁水，因此非要借鼓风设备，才能不断地把充分的空气压进冶铁炉里，促进炭的燃烧，以提高温度。所以，高功能的高温冶铁炉，和一套有效率的鼓风设备是制铁技术首要的工具。《天工开物》里，记述高温的冶铁炉是这样的："用盐做造，和泥砌成，炉多依傍着山穴为之。盐泥外周围以巨木匡围起来。盐泥的塑造，往往要穷数月之功夫，不容有丝毫疏忽，因为盐泥若有罅，则全功尽弃。"

接着，说冶炼的经过："一座冶炉约可载矿土二千余斤，由四至六人推动风箱鼓风，以硬木柴、煤炭或木炭为燃料。矿土化成铁水后，从炉腰部原留的一小孔流出。每天约早晨六点，下午一点，可出铁一陀。若是造生铁用以冶铸者，就像这样让它流成长条圆块便可。若是造熟铁，则当生铁流出时，将铁水引入炉前低下的一个小塘，数人执柳木棍在旁，一人将污潮泥晒干筛成的粉粒很快地撒入后，众人以柳棍疾搅，即时炒成熟铁。柳棍每炒一次，烧折二三寸，再用，则又更之。"

这柳棍含碳，是用来作还原剂的。

然后，宋应星说到了"灌钢"，这是中国人在钢铁技术上伟大的发明。所谓"灌钢"是这样的："用熟铁打成薄片，如指头阔，长约寸半，以铁片束包尖紧。将生铁安置其中，然后以破草覆盖，泥涂其底下，炉火烧旺鼓足，火力到达一定程度时，则生铁熔化，淋渗入熟铁之中，两情投合。取出加锤，再炼再锤，不一而足，此俗名团钢，亦曰灌钢。”

以往，炼钢是件要花很多力量的事，用熟铁块不断地锤锻，一直锻到斤两不减，才能得到钢，所谓百炼成钢，就是如此。这原理是这样的：熟铁以炭为燃料兼还原剂，加热至1000℃左右，碳成分便渗透到熟铁块的表面，经过反复的锤锻，表面的碳成分便均匀地混杂入熟铁金属组织的许多层中，同时也把组织内的熔渣打击出去。每锻一次，碳成分就增加而重量减少。一直到斤两不减，钢便炼成了。

而“灌钢法”，节省了炼钢的精力，缩短了炼钢的过程。因为，被高温熔化的生铁液，直接灌入未经锻打、有海绵空隙的熟铁料中，不但能使生铁内含量较多的碳，不必经过反复锤打而迅速地渗入熟铁；而且，高温产生的强烈氧化作用，又能把熟铁内的渣滓迅速地氧化除去。所得的铁，不但解决了生产上的诸多困难（费时、费力、量少），钢质较锻打的更均匀。

“灌钢法”不是《天工开物》里的首创。这是南北朝时，东魏北齐之交的綦毋怀文所发明的。《北齐书》卷四十九《列传》第四十一，记载他“造宿铁刀，其法烧生铁精以重柔铤，数宿则成钢……”灌钢的技术，在南北朝的典籍中尚多所见，可见当时即已普遍。

一直要到19世纪，欧洲近代的“坩埚炼钢法”出现，一千四百年前中国古老的“灌钢”技术才相形失色。

三、铁的铸造、锻造技术

中国的铸造技术源远流长，如果只以器物的眼光去看，中国的科技信史，以殷商的铸铜技术为起始。不但今天故宫博物院里，存列着为数不少的青铜铸器；民国初年中央研究院进行的安阳殷墟发掘，尚发现了当时的炼钢作坊，对了解当时的铸铜技术及其过程极有帮助。以铸铜技术为基础而发展铸铁技术，是很自然、是一脉相承的。

《左传·昭公二十九年》（前 513）曾记录：晋国的赵鞅、荀寅领了军队在汝水边筑城，向国内征收了“一鼓铁”的军赋，以“铸刑鼎”，鼎上著有范宣子的《刑书》。这是文献上所能见之中国最早的铸铁事件。

比较软、有延展性、熔点较高的熟铁，只要相当温度能够将它烧红，便可锤锻成坚锐的熟铁制器。而比较硬、脆、含碳量较高的生铁，虽然熔点比熟铁低了三百多度，但性质适合于铸制的生铁，要把它在高温下熔化成铁液，倒进铸范（铸模）以成型，这个高温技术的热处理问题，是比较不容易解决。也就是说，铸铁对高温的要求过于锻铁。因此，世界各地区古文明的铁器发展，几乎都是先由锻铁技术，再演进到铸铁技术。依这个演进模式，我们可以合理地推断：由见诸出土的战国时代铸铁器所呈现的技术水平，绝不是刚发明铸铁技术所能有的。因此，远在这之前一定还有一段漫长发展的锻铁时期。

但是，由另一些文献记载，及铸铁器普遍出土，包括河南兴隆铸铁场址的发现，及最重要的一个原因：中国的铸铁技术是承续着陶铸，和高度水准的铸铜技术一脉发展的。由这些证据，也有一部分学者认为，中国铁器的发展，是和其他古文明地区适得其反的，铸铁发展在先，锻铁在后。

在这截然不同的两种看法外，又有部分学者折中地认为：铸铁在中国是二元发展的。大致上，北方是属铸铁系统，南方则为锻铁系统。

如果不为起源论争议，我们即可以得到一个结论，就是：战国时代，不论是铸、锻铁器都已普遍使用，并有相当程度的锻铸技术。

到了明代，《天工开物》记铸造（铜铁）技术，已将之分工细化，分别详细描述鼎、钟、釜、像、炮、镜、钱各种铸件的制造技术。

传统的铸造技术，大致要经过几道手续：

1. 先制原型

2. 用原型翻成铸模

3. 熔解合金，注入铸模

4. 铁液（合金）凝固后，拆模清扫表面

5. 表面加工处理

我们从《天工开物》举出铸钟为例，印证这些过程：“铸造万钧（斤）钟，要掘坑深丈余尺，干燥之如为房舍。另外埏泥作原型，质料为石灰和三合土。原型干燥后，以牛油、黄蜡涂附其上厚数寸，其中油占百分之八十，蜡占百分之二十。其上要有遮蔽，以防晴雨，让油蜡稳定后，雕镂书文、物象，丝发成就。然后舂极细土筛之，和炭末和成泥，渐涂墁于其上，厚至数寸，让内外透体干坚。之后，外加火力，把中间那层油蜡熔化，由一个口流净尽。再由此倒入熔化的铁液，填补中间空处，便将钟鼎铸成矣……”

这不但是一口钟，而且是一口大钟，过程并不容易。

铸料很少用单一的纯金属，大都是合金，合金的比例，关系铸品是否符合品质要求。中国高度发展的铸铁（铜）技术，当然是包括高度的合金知识，因此，能依各种不同用途要求的铸物，而选定合金比例。

像铸一口二万斤的铜钟，《天工开物》里说：须费铜四万四千斤，锡四千斤，金五十两，银一百二十两。

另外，值得一提的是，在“炮”条下，宋应星列了几种西洋传来的枪炮。这是整本《天工开物》少数几个西洋传来的物品发明之一，宋应星记录的绝大部分，是中国的传统技术。

铸造所做出来的东西，形状远较锻造者为复杂，铸品的大小与重量范围，也远较锻造者为广，所以容器、礼器大都以铸造制成。而锻造制品，坚而锐，所以工具、刀剑等兵器，大都以锻造制成。中国人在锻造技术上，也有很伟大的发明，像《天工开物》里提到的“健钢”“生铁淋口”。

锻，是传统钢铁科技对于熟铁、钢铁，最重要的机械处理方法。锻，可以使熟铁、钢铁更尖锐，质地更匀致；也可以打制成所需要的形状。古代传说的绝世名剑，如干将、莫邪、龙渊、泰阿，都是名匠孤心苦诣，把生命熔入锤锻之中而得来的。

《天工开物》里所记的锻铁技术，也已将之分工细化，分别描述斤斧、锄镈、鎈、锥、锯、刨、锚、针的锻法。

古代锻造技术对于熟铁、钢铁最重要的热处理方法是“淬”，在明以后，在《天工开物》里，则称作“健”：“凡熟铁、钢铁已经炉锤，水火未济，其质尚未坚。乘其出火时，入清水淬之，便称之曰健钢、健铁。”健是相对于弱，因为，在未淬水之前，这熟铁钢是弱的。

“生铁淋口”，基本上则是“灌钢”技术的进一步发展。

将生铁熔成铁液，淋在初步锻成的熟铁物的锋刃口上，然后入水淬健，这样，锋刃口便炼成了钢。宋应星举例说：“每锹锄重一斤的，淋生铁三钱，少则不坚，多则过于刚脆而折。”

这真是一项巧妙的技术发明，既不需要把炼好的钢条夹入熟体中锤锻，又不需要如灌钢法般，把整个工具加以熔灌，靠着热处理操作，就更快、更省、更好地得到理想的锻制品，真是一项具有十分创造性的成就！

四、铜的冶炼和锻造

和铁不一样，自然铜存在的铜矿较多。在从石器时代过渡到青铜器时代的中间，有一个铜、石并用的时代，可以称之为红铜（自然铜）器时代。因为，人们认识铜，是从自然铜开始的，然后，才渐渐懂得从铜矿中冶炼出铜，也才渐渐懂得利用铜合金，制造品质更稳定、更好的青铜器。

青铜，是铜锡合金。从大量遗留的殷周时代的青铜器分析，青铜的合金比例约为铜八十五比锡铅十五。《周礼·考工记》里就记载有配制青铜的六种方剂，其中的“钟鼎之齐”为“六分其金（铜），而锡居一”。大约就是这个比例。

铸造铜器（其他金属器也是同样的道理）的合金性能，有两个要素，一个是熔点低，一个是流动性大。熔点低，则金属易于熔化，不易凝结成固体，在加工过程中，不论是加热或保温两方面都便于操作。流动性大，则有隙必乘，无孔不入，且质地密，这样，铸件可以收轻薄如纸，纹饰纤细毕露的效果。要使青铜合金降低熔点、增大流动性，有两种方法，一是增加其中锡的比例，或是加入第三种金属——铅。

一般来说，炼铜法有干法和湿法两种，干法用鼓风炉烧炼，湿法利用氧化铜矿物与硫酸、废铁，产生氧化还原反应而得。《天工开物》里只提到前者一法，将铜矿物烧炼，使达到约一千度铜的熔点，铜液便可倾出。

由于金属的本质，铁器在历史潮流中，比铜器更广泛地被使用。东汉时候，时贤应劭已经说："古者以铜为兵"，可见当时铜兵器已不复见，更别说需求更坚锐的工具和农具了。铜器，只剩下礼器的功能，像铸鼎、钟、佛像、镜等。铸造的技术，上节已说过，本节便不再赘述。

五、银的冶炼

当初，丁文江就是阅读《云南通志》里引述《天工开物》里的炼银法，才发现了这本书。

银仅次于金，很受一般人的喜爱，因此"法不严则窃争而酿乱，故禁戒不得不苛"（引《天工开物》）。中国银的产地，宋应星说："浙江、福建有旧银坑场，明初或采或闭。江西饶、信、瑞三郡有坑但从未开采。湖广、贵州、河南、四川、甘肃，都有品质很好的银矿……然这八省所产之银，还不敌云南之半，故开矿煎银，唯滇中可永行也。凡云南银矿，楚雄、永昌、大理为最盛，曲靖、姚安次之，镇沅更次之……"

宋应星描述云南探勘银矿的情形说："……采者穴土十丈或二十丈，工程耗时，不止日月计，寻见土内银苗，然后得礁砂所在（成银者曰礁，至碎者曰砂）。凡礁砂藏深土，如枝分派别，各人随苗分径横挖而寻之。矿坑上用横板架顶，以防崩压，采矿工人篝灯逐径挖掘，得矿方止。”

银矿土的质量，“高者一斗可以得六七两银，中者三四两，最下只一二两。”炼制时，“礁砂入炉前，先行拣净淘洗。这炼银炉用土筑成巨墩，高五尺许，底铺瓷屑、炭灰，每炉受礁砂二石，用栗木炭二百斤为薪……合两三人之力鼓风，炭尽之时，以长铁叉添入。风火力到，礁砂熔化成团。此时银铅尚混在一起，待冷定取出，另投入‘分金炉’……施风箱再度烧炼……火热功到，铅（比重大）沉下为底子，频以柳枝从门隙入内燃照，铅气净尽，则世宝（银）凝然成象矣，这叫初出银，又名生银……若再加少许的铜和铅同熔，则入槽得线状之银。”

生熟煉鐵爐
撒潮泥灰
此管流出成生鐵
流入方塘
壁子鋼
板生鐵

鑄千斤
鐘與仙佛像圖

鑄釜圖
塑鐘模圖
鑄錢圖

錘錨圖

錘鉦與鐲圖

開採銀礦圖

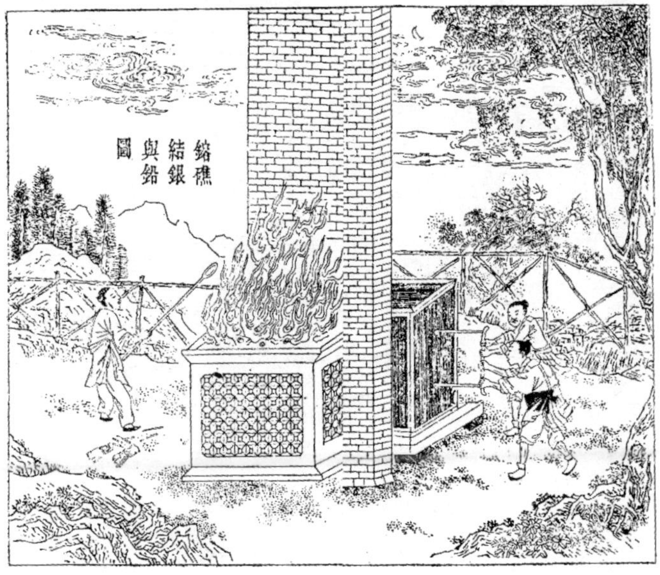
鎔礁結銀與鉛圖

沉鉛結銀圖

分金爐清銹底

第七章 《天工开物》里的染织技术

一、小引

“男耕女织”是传统中国农业社会的主要生活内容。而就“织”来讲，在13世纪棉织业发达起来以前，主要乃在桑蚕绢织的丝织业。中国是世界上最早养蚕和织造丝绸的国家。在三千多年前的商朝，便已发展了蚕丝业，出现多种美丽的丝织品。后来，中国的养蚕、织丝的技术不断地发展、提高，成为世界上最著名的丝国。1972年从长沙马王堆汉墓中发掘出大量的高级丝织品，更证明了中国远在汉代，丝织的技巧已达到一个相当的高峰。

二、丝织技术的起源

由于蚕丝业和人们日常生活有密切的关系，自然而然地，中国民间有许多关于蚕丝的传说流传。

相传蚕丝是四千多年前黄帝的妻子嫘祖发现的，她在桑树上看到吃桑叶的蚕，后来蚕又结茧，她把茧摘下来，发现上面是一层层的丝，光牢又柔软，心里想如果把这些丝抽下来织成衣料一定很好，于是就动手抽丝。但是用手抽常易抽断，她改将茧子用热水烫过再抽，果然成功。“嫘祖养蚕”只是民间传说，但也同时说明了先民很早就发现了蚕丝。我们可以合理地假设，当初先民先发现树上野蚕结的茧能抽出长长的丝、并可以此织成衣料，以后才将野蚕培养成家蚕，专门用来结茧抽丝的。

传说时代以后，养蚕的方法逐渐传开，并逐步地发展改进，因而采桑、养蚕、织帛就成为中国传统农村妇女们一项很重要的生产活动。

三、丝织技术的发展

目前中国最早的丝织品实物，是在浙江吴兴钱山漾遗址出土，属于四千七百年前的新石器时代。商代甲骨文中有桑、蚕、丝、帛等文字，安阳出土的青铜器上，也发现了平纹素织及挑织菱形图案的丝织品痕迹。周代文献记载的丝织品种类很多，并且由平纹素织、挑织进步到提花纱罗丝织，这是纺织工艺上的大进步。

商周时代已有官营丝织业，和民间的丝织业同时存在。周朝王室四时人节的礼服和各种仪仗旌旗、幕、布巾等物，都有专门官员管理织造，可见当时官营丝织手工厂的规模不小。除了官营丝织业，民间的丝织业也相当发达，《诗经》里就有不少诗篇描写有关丝织的许多情景，如“豳风”的《七月》就有这样的记载：

春日载阳，（在春天的阳光下，）
有鸣仓庚。（黄莺鸟在鸣叫着。）
女执懿筐，（妇女们拿着高筐筐，）
遵彼微行，（走在小道上，）
爰求柔桑。（去采集鲜嫩的桑叶。）

春秋战国时代，由于铁制工具出现，社会生产力大为提高，丝织品的生产也更加普遍、用途也越来越广。当时诸侯朝见天子以及诸侯间互相往来，常用丝绸、美玉等做为礼品。贵族死后，丝织品是很重要的殉葬物，甚至棺材的内壁都用丝绸装裱。此外，丝绸也是一项重要的交易品，春秋战国时期的大商人有不少就是做丝绸的生意。根据文献记载，当时的丝织品非常丰富，有帛、缦、绨、素、缟、纨、纱、縠、絺、纂、组、绮、绣、罗等十余种。

秦汉之际，由于政府鼓励耕织，更促进蚕桑丝绸事业的发展。西汉从文帝、景帝到武帝所颁布的《劝农诏令》中经常把蚕桑和谷物生产相提并论、同等重视，武帝时又实行丝绸专卖，使生产到达一个高峰。

汉代丝绸实物在考古方面的发现数量很多，其中以提花纹纱和以缂丝显花的彩色织锦最卓越显著。“织锦”的图案变化极为丰富，最生动的是以动物、云彩为主题的图案，各种动物的形象逼真，姿态优美、色彩鲜艳，在动物图形周围穿插着美丽的云彩和山水，使整个构图显得十分丰富和严整。另外，织有几何花纹的纹纱，设计和结构都很复杂。

1972年，在长沙马王堆的一座二千一百多年前的汉墓中，发掘出大量的丝织品；种类有绢、罗纱、锦、绣、绮；色彩有茶褐、绛红、灰、黄棕、浅黄、青、绿、白；织造技术有织、绣、绘；图案有动物、花草、几何图形等。纱料质轻而薄如现代尼龙纱，一件素纱禅衣长一二八厘米、袖长一九〇厘米，重量仅四十九克；另一块纱料幅宽四十九厘米、长四十五厘米，重量仅二点八克。这些高水准的丝织品充分反映出汉朝丝织工艺的进步情况。

唐代是中国丝织手工业发展史上的一个重要阶段，在这个时期里，丝绸生产分工更细、品种更多、产区更广，织造技术也大有提高。初期丝织品的主要产区在北方，安史乱后，经济文化中心逐渐南移，江南地区的丝织业迅速发展起来。当时浙江绍兴的缭绫，宣州的红绒毯都是很名贵的，大诗人白居易在所写的《缭绫》一诗中，描写其皎洁精美为：“应似天台山上明亮前，四十五尺瀑布泉。中有文章又奇绝，地铺白烟花簇雪。”在另一首《红绒毯》的诗中，诗人描述红绒毯的松、厚、柔软为“彩丝茸茸香拂拂，线软花虚不胜物”。

在汉、唐丝织的基础上，宋代仍以“织锦”著称，另外并发展了“缂丝”。元代发展了“织金锦”：在织造时以金箔或金线与丝夹织，帝王将相所穿的龙袍、礼服就是以此织成的。

四、中西丝路

从公元前 3 世纪开始，中国即以盛产丝绸闻名于世，和中亚、西亚各国已有丝绸贸易。到了公元前 2 世纪，张骞多次出使西域以后，中国和中亚各国建立了固定的外交关系。此后，在横贯亚洲的交通大道上，便不断有大量的中国丝绸品被往西运送、络绎于途。这就是著名的“丝路”。丝路的盛况一直持续到唐中叶，前后几近千年之久。

丝路从长安出发，沿河西走廊经昆仑山分南北两路，越帕米尔高原、葱岭，可达罗马帝国、阿拉伯、波斯各地，全长达七千多公里，到地中海东岸后，可再经海道转口埃及、意大利等地。

这条漫长商路所经过的地方有一望无际的大沙漠、有终年积雪的崇山峻岭，但先民克服重重困难，在这条丝路上建立起中西交通的大动脉，联络了中国人和中亚、西亚乃至欧洲人民之间的珍贵友谊。

五、《天工开物》所记载的桑蚕丝织

纺织的过程究竟如何？由养蚕吐丝到织成布帛需要有什么技术呢？我们可以在《天工开物》的第二篇《乃服》寻找到答案，宋应星说：“先列饲蚕之法，以知丝源之所自。”

“蚕是昆虫的一种，它的生活史是由卵孵化为蚕（幼虫），蚕吃桑叶而生长，经过三眠或四眠变为蛹而结茧，最后蛾破茧而出。蚕依孵化的早晚分成两种，晚种从仲夏开始饲养过冬，所结的茧成亚腰葫芦形；依眠性分，则可分三眠蚕、四眠蚕；依体色则可分纯白、虎斑、纯黑、花纹数种。”

“茧有黄、白二种，浙江湖州及嘉兴产白茧，其他地方产黄茧，黄白两种交配的后代会结褐色的茧，黄色的茧可以猪的胰脏漂洗为白色……”

“桑树高七八尺，不必利用梯子来采集桑树叶，取叶是用铁剪，铁剪以嘉郡、桐乡所产最利最有名。”

“桑树的繁殖用枝条垂压的方法，将母株往外生长较长的枝条，以竹钩拉近地面用土覆盖，等拉下的枝条生根以后，就可与母株分开，成为新生的桑树。”

“桑树多不开花结果，营养集中在叶子部分，少数开花结果的桑树，叶较少而且薄，但我们可用接枝的方法，使叶片薄少的桑树长出厚多的桑叶来。”

“四川中部地区因不长桑树，故以柘树的叶片取代，所生的茧仍一样可用，并且较为坚韧，称为‘棘茧’，特别用来做受力较大的弓弦和琴弦。”

浙江嘉州、湖兴地区所养的蚕是四眠生白茧的，丝的产量较三眠的蚕多，但缫丝的收成率较低。四眠蚕所产丝质量较好作为经线用，经济价值较高，这就是嘉州、湖兴地区蚕业兴盛的原因。至于山东地区的三眠蚕，虽然质好，但量少。北方所养的蚕为三眠蚕，与野生蚕相近，嘉州、湖兴地区的四眠蚕由北方三眠蚕演化过来，原因是饲养技术、桑树品种、地理环境等因素的改变。

结茧可用人工诱导的方法，方法如下：“将竹子剖细后编成‘箔’，以木材架起使高约六尺，下摆炭火，每盆炭火距四到五尺。开始时火要小，发育完全的蚕感觉到温度升高时就开始吐丝造茧、不再随处游走，此时将火势加旺，使蚕吐出的丝能即时干燥，可使织成丝绸耐久不坏，此谓‘出口干即结茧’。诱导蚕吐丝结茧的‘茧室’不可密不通风；下面升火、上面必须通风凉快。要留下育种的蚕，应取火势较小的地方，炭火正上方的蚕并不适宜。另外，竹箔上铺以稻秆，避免跌到地上或火里。”以人工诱导方法所产的蚕丝，适合于大规模生产的产量控制，并且能提高质量、经久耐用。

茧收成之后加以选择分类，分别缫丝。“首先煮一锅沸水将茧煮开，一次投入二十枚茧左右，用竹签不断拨动，慢慢地会分出丝来，待干将丝均匀绕在‘大关车’的木框上，此即‘出水干即治丝’，和前述的‘出口干即结茧’，对丝的品质一样重要。”

丝自大关车的木框取下后，为了使以后的工作易于进行，再“调丝”一次，卷在另一个木框上，此项器具称为“络笃”。（见图）

接着进行机织，在此之前的纺丝，是将蚕丝的纤维连成长线，机织即是进一步由线到面，以“综”引垂直的经线、“筬”引水平的纬线，使经纬互成直角纺成丝帛。这种由点而线、由线而面的过程，是纺织不易的通则；不管是以人工编织的原始时代，或是机械动力生产自动化的今天，这种原则性的步骤是一样的。

纬线是将丝线沃湿后，右手摇动轮子、左手拉动丝“铤”（经缠绕丝线的圆筒）纺在竹管上的（见图），此称为“纬络”。

经线的制作如图，以长直的竹竿穿三十几个洞，称为“溜眼竿”，丝经图右下的铤到右中的“竹扇”穿过洞，然后绕到左方的“经耙”上，接着以“交竹”（图左下两个织工间）一上一下分开，以便下一步进行。

纬线使用较多，与经线的比约为三比二。

机织的准备工作完成以后，即可继续进行织造。织机的型式可大分为“花机”与“腰机”两种，花机又称大机。宋应星说：“杼柚遍天下，而得见花机之巧者，能几人哉？”可见花机并不普遍。腰机又称小机，凡是织造杭西罗地等绢、轻素等绸、银条巾帽等纱，不必用花机，只用小机即可。织匠腰后垫座一皮幅以使用力（见图），因用力全在腰部，故称为腰机。腰机也可以用以织造麻布、棉布。

花机长一丈六尺（结构见图），“花楼”高起，中有“衢盘”，下有“衢脚”，提花小厮坐在花楼上，机末的“的杠”用以卷丝，“叠助”木长四尺、尖端和篾联系。不加花纹的素罗，一人织造即可，不用提花的小厮，同时也不必设衢盘与衢脚。

织绫绢使用的篾有一千二百齿，又由花机图有“老鸦翅”与“涩木”各四可知：绫绢的经线是以四条为组织单位，即有四千八百缕。

绫绸之经线数有五千缕或六千缕，五千缕是与绫绢的四千八百缕相近，六千缕是用一千二百齿的篾以五条经线为单位，质地较好。

罗纱使用的篾为八百齿，所以只有三千二百缕。另由花机的一千八百根衢脚，可推知有七千二百缕者。由三千二百缕到七千二百缕所代表的意义即是经线致密的程度。至于用腰机所织的“罗地”，是以篾一齿穿织一条经线织成的薄绢，其经线较绫绢粗三分之一，篾也是八百齿。

“花样的设计最须巧思，画图者先将图案花色画在纸上，接着计算使用丝线的型式，长短做成模型（此称‘结本’），安放在花楼上，织造工匠即可以依此模型穿综、带过经线，随着尺寸、型式提起衢脚，花样自然就显现了。”

织绫绢是以经线的变化来显现花纹；梭子一来一往皆要提动衢脚。织纱罗是以纬线的变化来显现花纹；仅在梭子拉近时提起衢脚，梭子拉开时不必。

“丝帛织好以后，仍是生丝，需要煮过才成为熟丝。煮的方法是用稻秆烧成灰加入水中、放入生丝煮练，煮好不立刻拿起，水中再放入猪的胰脏，经过一个晚上，隔天拿起时色彩即鲜艳灿丽。若改用乌梅取代猪胰脏，颜色亮丽的程度则稍减。”

“在前述熟练的过程中，除了使丝帛的颜色灿烂夺目外，尚可使丝帛的质地更纯粹；一般说来，如果经线为早丝，纬线为晚丝，在熟练的过程中，每十两会减轻三两。若经线、纬线皆为早丝，只会减轻二两。”

“熟练之后，丝帛会干，张力较大，有时会起皱纹，此时可以磨钝的大蚌壳刮平，显现出丝帛优美的颜色及纹路。”

六、《天工开物》所载特殊的丝织品

（一）龙袍

《天工开物》说明代“织造宫廷用高级品的大规模直辖工厂设在苏州和杭州，其中织造龙袍的花机，花楼高一丈五尺，花楼所安放图案的模型须要两人操纵（一般仅须一个提花小厮）”，整个织造的技术原则与一般丝织品并无不同，但是使用的人工、资本则高达数十倍，并且由于封建社会的尊君观念，龙袍必须“由数名工匠所织拼凑，不可出于一人之手”。

（二）倭缎

倭缎又称漳缎，就是现今的天鹅绒。它盛产于华南福建的漳州、泉州一带，相传织法学自日本。

“倭缎使用的原料来自四川，蜀商以之交换四川不产的胡椒。它是以细铜线为纬织入丝缎，织得数寸后，即以利刃沿铜线剪断织覆于铜线上的毛质经线”，由于经线之竖毛，因此具有天鹅绒特有的浓厚光泽感。

七、《天工开物》所载其他种类的衣料

从 13 世纪开始，棉纺逐渐占有重要的地位。

《天工开物·乃服》一篇所载主要以桑蚕绢织为主，原因一在于宋应星所观察的纺织业状况，是以长江下游的湖州、嘉兴等地为主，他所记载下来的多数内容，即是依据他在此地观察的结果。二在于传统的士大夫观念使他认为“人物相丽、贵贱有章”，较注重丝织。纵然如此，宋应星也在“布衣”一节记木棉、“夏服”一节记麻料、“裘”一节记皮件、“褐毡”一节记毛织。

（一）棉布

棉布是由棉花纺成棉纱后织成，主要作为御寒之用。一般中下阶层的老百姓用它来做家常、工作的衣服，至于织帛、绸缎，只有有钱的富贵人家穿得起，一般老百姓至多在年节的时候穿。

棉花古称“枲麻”(另有一二十种称呼)，棉花在中国种植的发展情形第二章已详细介绍，据《天工开物》记载，在明朝末叶，棉花已是“种遍天下”了。

宋应星记载，“棉花有‘草棉’、‘木棉’两种”。从植物学的分类来说：草棉是草本的，学名是 Gossypium，茎高二三尺，叶掌状分裂，花五瓣、色黄，果实像桃子、熟时破裂，里面即棉，可弹成絮、纺成纱，最后织成布。木棉是木本的，高七八丈，属多年生植物，春开红花，结的果实较长、中有黄褐色短的棉絮，它的织维比草本的草棉更细韧，更适于纺织。

棉花是果实的一部分，和种子混杂在一起，必须以“起车”去除种子，再悬弓弹棉使棉絮均匀。接着将棉絮搓成长条以便纺纱，纺纱的纺车如图，熟练的工匠能同时将三条棉纱缠绕在铤上。

棉纺在明末是相当普遍的，已是当时农村的主要副业“织机十室必有”，可见一斑。虽然棉布中土各地皆有生产，但是织造技术以松江最优越、浆染以芜湖最著名。

“棉布的织机原理同丝织机，以同样的方法织出图案来，有‘云花’‘斜文’‘家眼’等种。棉布织成以后须用碾石压平，碾石以出产在江北者最好，因此地的碾石散热快，虽长期使用也不发热，如此可使棉缕紧收不松泛，否则易生热的碾石会使棉布的纤维变为松缓脆弱。”唐代大诗人白居易有诗句云：“江人授衣晚，十月始闻砧。”砧是捣衣的石头，闻砧就是听见人在砧石捣衣的声音。古时做衣服，剪裁缝制之前，先要将布帛搁在石头上打平，与现在剪裁之前先要用熨斗熨平的作用一样，此称为“捣衣”，捣衣多在夜间进行，所谓“寒砧捣声”道理如同选用江北碾石在使热量散失较快。棉袄、被衾是将棉花弹化以后，依格式装置而成，必再进行下一步的纺纱织造的过程。新装的棉袄、被衾相当轻暖，长期穿着使用以后，棉絮的密度变大、空隙变小，保温的作用变差。此时可取出棉絮再行弹化而重新装置，如此再制后的成品仍可恢复原有的保暖程度。

（二）麻料

棉花普遍种植于中国各地以后，麻业受到很大的打击。在此之前，中国人长久以丝、麻作为衣料的主要材料，丝帛较不耐用，但非常美观，多用来制作较贵重的非常服。麻虽耐久而强韧，用以制作常服，但保暖的作用较差，而且纤维的析分与纺织均较费工:“夏服”一节记载一人一天工作的结果仅得三五铢重（二十四铢为一两），自不能比拟效率高出百倍、一人一日之力可得二十到三十两的蚕丝。

丝与麻在审美与经济两方面可谓互有长短，也正因此，两种纤维能互相扶持、保持平衡，直至宋朝末年。宋元间棉花开始种植以后，由于它的收成量远高于丝、麻，不需费时纺织，棉花既软且韧，既轻且温，适合各种贫富阶级的人穿着使用，所以棉花的种植不久即遍布于全国，这完全是它整体的经济效益高过丝、麻甚多的原因！

苎麻的生命力很强，其“无土不生”。“种植的方法有‘撒子’‘分头’两种”：广州南部地区是用撒子的方法将种子均匀地散在田里，可以长得很茂盛。分头是每年将天然肥料覆盖在上，使根部每年逐渐长高。“苎麻有青、黄两种颜色。有的一年二获，有的一年三获。”

“苎麻剥取收成后遇水即烂，应使干燥。破析其纤维时用水浸泡，但要在五个小时内破析，否则也是会烂掉。”“苎麻原为淡黄色，破析成纤维后，加以漂白：首先用含稻草灰的石灰水煮过，再用清水漂洗，最后再晒成白色。”

破析之后是纺苎麻纱，“熟练的工人以足踏式纺车同时可纺五锤”，也有利用畜力，每日可纺百斤。就纺纱而言，苎麻的效率是可比拟棉花的。而织造麻布的织机同于织造棉布者。

“苎麻的用途很广，除了织造麻布外，还可制造缝线、草鞋、麻绳等日常用品。”

除苎麻之外，《天工开物》尚提到其他种的麻类：

“‘葛蔓’较苎麻长数尺，纤维析解细者，织出的麻布也很细致贵重。”

“‘苘麻’织出的麻布极为粗糙，用来作丧服。其中最粗糙的，漆匠用来盛放布灰，也可填充火炬作燃料。”

“福建地区以芭蕉皮析解为纤维来制‘蕉纱’，相当轻细，但是非常不耐用，无法用来制衣。”

（三）皮裘

台湾地区四季如春，气候普遍温暖，一般衣物皆足以保温。

至若东北、北方、塞外，冬天来临时雪花纷飞、天寒地冻，需要有特殊的保暖衣物，那就是棉袄、皮裘了。

“兽皮制成的衣服统称为‘裘’，主要有貂、狐、羊、麂几种，因猎获的难易、实用的程度而有不同的价格，可有大的差距。”

貂属哺乳纲，食肉目，“生长在高纬度的东北，包括韩国等地。貂喜吃松子，人们即以此习性，夜里守候在松树下射杀之。”貂的身长约二尺五寸，毛色多种，口吻尖锐，有黑须，耳壳短而圆，四肢短、前肢更短于后肢、爪有钩，尾长多毛。多生长在森林中，昼伏夜出，也捕食鸟、鼠。《本草纲目》称之为貂鼠。

“一只貂所可制得的皮不满一平方公尺，须要六十多只貂的皮集合起来，才够缝制一件貂皮衣。貂的皮毛颜色主要有三种：白色的特称‘银貂’，另有纯黑、暗黄等种。貂皮的保暖作用非常好，可使身体的活动保持灵活，有‘立风雪中更暖’之称。”

狐也属哺乳纲食肉目，形状似犬但较瘦，体长一公尺余，口吻尖突，耳壳为三角形，四肢细，尾长；毛色以黄褐为多。狐生性狡猾多疑，很多寓言故事以此为题材，遇敌则肛门放恶臭逃走。一般穴居山林中，昼伏夜出，捕食鼠、鸟等，主要亦生长在东北寒带地区。

“纯白毛色的狐很难得，价格与貂相仿。黄褐色的较多见，价格为貂的五分之一，御寒保暖的功用仅次于貂。狐的皮毛以关外东北出产者为贵，辨认的方法是：吹开其毛可见根部为青黑色。至于关内的狐毛，根部是白色。”

“羊皮以小羊为贵重，母羊价值低很多。小羊又称‘羔’，在母羊腹内尚未生产出来的称‘胞羔’，刚生下来的称‘乳羔’，生下来三个月的称‘跑羔’，七个月的称‘走羔’，胞羔和乳羔的皮毛做皮裘没有腥膻味，其他皆有，南方人很不习惯这种腥膻味。”

“小羊皮所制成的皮衣为士大夫之服，西北地区的有钱人家亦有穿着。至于由成熟羊皮（俗称老大羊皮）所制皮裘，则是一般老百姓的服装。无论是老大羊皮或羔羊皮皆从绵羊得来。”

“羊皮裘的御寒作用并不很好，天寒地冻时就不足以保暖了。”

麂属哺乳纲偶蹄目，形状似鹿，主要产在南方，毛色黄黑，口有长牙，脚细而有力、善跳跃，公麂的角短。“皮细软，适合做贴身衣裤及袜鞘。麂的皮尚可驱除蝎子；北方人除了拿来做贴身衣物外，尚将麂皮割成条状，镶在被裘边缘，相信这是因为蝎子害怕麂皮的味道。”

至于现今一般所称的“麂皮”并不一定指麂皮，它指的是用铬盐鞣制成的“绒面革”，多以鹿、獐类之兽皮或山羊皮为材料，并染成各种鲜艳的颜色，皮的肉面（即绒面）层向外，用来缝制鞋靴、皮衣及手套等。

猎杀动物以后，并不能立即剥下皮毛来缝制皮衣、皮件，还需要经过一定的处理程序，方可将生皮转变为熟革，这种技术称为“鞣革术”。

鞣革的方法大致是先脱毛去肉（貂、狐则保留毛）再进行软化，最后则加以鞣浸。一般使用的鞣剂种类甚多，可分为植物、矿物、油脂三类。植物鞣剂乃具多元酚基及羧基的有机物质，成分、性质随原料种类而异，如各种漆树的茎叶、五倍子、栗树皮等皆是。矿物鞣剂主要为铬盐及明矾之类。经过鞣浸以后，再行染色及加工修饰，而成为熟革。

八、毛织

《乃服》“褐毡”一节所记载有关毛织的资料，其中绝大部分所述属于羊毛。

羊主要饲养在中国北部周围的草原地带，游牧民族以其毛制毡而作为家屋帐幕的主要材料。汉族虽然自古即畜养羊只，但是以食肉及制革为主要目的，不曾用之于毛织。虽然如此，汉族也不断自沙漠地带的绿洲地区输入羊毛的纺织品，“褐毡”一节所记，毛质优良的品种，唐末就已自西域传入，这种情形就好像木棉在南北朝就已自南疆传入，但未普及一样。推究其原因，我们发现中国较熟练纺织长纤维的丝、麻，相反地，对于短纤维的羊毛、棉花较为生疏。这就是毛织在中国纺织业里一直未具重要地位的原因。

绵羊的学名是 Ovis aries，其祖先本为野生动物，后为人所豢养。雄雌皆有角、角中空、外有横纹，口吻狭长，四肢短、每肢四趾、向后二趾不着地，称为悬蹄，毛色白、绵密而长、多卷曲，故以此得名，性情温顺、多群居生活，生殖快速。

《天工开物》记载:“绵羊有两种，一为‘蓑衣羊’，原产中国本部，剪其毛可织毡、帽、袜、衣服等，衣服又称‘褐’，黄黑粗糙，为贱者服。此种羊徐淮以北各地皆有繁殖，南方只有湖州地区饲养。每年可剪三次毛，每只羊可得毛袜三双，再加上繁殖迅速，北方畜养绵羊百只的家庭，岁入可达百金。”

“另一种绵羊称‘矞芍羊’，唐朝末年才由西域传入，先到甘肃临洮，再到兰州，明代以兰州畜养最盛，又称其产品为‘兰绒’。此种羊的毛较前者细软，一为‘绒’，用梳子梳下毛来。一为‘拔绒’，以手摘拔最精细的毛，织成的成品如丝帛一样光滑细腻。”

“取下细的毛后，放入水中煮，并加以搓洗，洗后毛会黏在一起；以重物碾开，接着进行‘打线’，打线如蚕丝的治丝，将短的纤维延长为长的纤维；以手的力量捻搓，并在线的末端系上铅锤。”

“毛织的织机大于丝织、棉织者，也从西域传来，明朝时织匠多为西域人，汉族少从事此项生产，使用八个综，梭长一尺二寸，成品为斜纹。”

“细毛织成‘绒’，粗毛为‘毡’。至于最粗糙的‘毯’，则混有马、牛的毛，非全是羊毛。一般只有黑、白两色，其他皆是染色的结果。”

九、染色技术

“世间丝、麻、裘、褐，皆具素质，而使殊颜异色，得以尚焉！”

布匹织造完成后加以染色，可增强视觉的立体感，丰富色彩的感受。继《乃服》记载衣料产生有关的过程以后，第三篇《彰施》所载即为染色的种类和配方。我们依照颜色的系统分述于后：

红色

“红色染剂的主要成分来自红花，染家有特别的花圃来种红花。一般在二月初播种，夏天即能绽放，采花者必须在清晨花朵尚含露水的时候摘取，如果太阳照射过久、露水已干，则花朵内的染料成分不易萃取出来。”

红花可为药用，其籽煎油可以作黏合剂。若是要用作染料，必须再经特殊的加工，制成“红花饼”：“先将红花捣碎，以水淘洗，放入布袋绞去黄汁，取出后再加酸粟、洗米水捣和，重复进行淘洗、绞黄汁。放一晚后，最后捏成薄饼状收藏，称之为红花饼。”

染红色时，“将红花饼放在乌梅水（酸性）内煎煮，再加入碱性的稻秆灰，使红色染质更稳定、更鲜艳。相反地，如欲褪掉染上的红色，只要再滴上碱性的稻灰水即可，加入绿豆粉即可吸收全部红色的染料，要用时再行捣碎萃取即可。”由上述的变化，可知红花染料的作用受酸碱度的影响，酸性时附着在衣帛上，碱性时褪色，可说是一种酸碱平衡反应的效果。

至于其他红色系统的颜色，如莲红、桃红、银红、水红等，只是红花饼染料所用量的多寡不同，而最红就是所谓的“猩红”了，必须注意的是仅白丝可染红色，黄丝是无法染的。

蓝色

蓝色的染料有四种：“茶蓝又称菘蓝，以插根法繁殖，蓼蓝（俗名苋蓝）、马蓝、吴蓝是以播种法繁殖。插根法先去掉所有叶片，斩去大部分的茎和根，埋在肥沃的土壤内。播种法在暮春长出新苗，六月采果实，七月可制造染料。”

“制造染料用茎和叶，先泡水七天，每缸再加石灰五升搅拌，并压一块石头，蓝色的染料将下沉在缸底，即可取出使用。”

属于蓝色系统的颜色有天青色、葡萄青色、蛋青色、翠蓝、天蓝等种，而月白、草白二色是仅用少量蓝色染料微染。

绿色

绿色染料来自槐树，“槐树须要十多年才会开花结实，第一次生出的花不会绽开，称‘槐蕊’，为绿色染料所必需；就如红花于红色染料一般重要。”

“取下槐蕊后，筛去杂质，放入水煮，一待沸腾即加以漉干，再捏为饼状，即可使用。由于放太久会渐转黄，为收藏可拌少许石灰”。

属于绿色系统的颜色有油绿色、豆绿色等。

十、结语

《天工开物·乃服》记述自纤维制成布帛的织造过程，《彰施》记述染料的制备，为明代染织工技留下了宝贵的记录。作为中国科学史上百科全书式的经典之作，本书有超越其他科学史典籍的记载方式，例如：比之于记载相同对象的农书，《天工开物》能较具体记录其织机的构造，综箧的数目，这是其他农书所一向忽略的“细微末节”，但却是后世研究当时纺织工艺莫大鼓舞的资料！

但宋应星以个人力量完成此书，不免有失忽之处：例如丝织业以长江下游的嘉兴、湖州为中心，所记载者不及当时的美术工艺中心南京、苏州、杭州等地所织造的珍贵织物；对明代的优越织造技术，如刻丝、锦、纻丝、织金、刺绣、编组、锁金、染花等也均未提及，实在可惜！再者，虽然对于桑蚕绢丝、木棉、麻料、毛织、染料及染色技术皆有记载，但重点放在蚕桑绢丝，所占篇幅较他项为多，对于当时盛行于中国农村的棉织业未能作较详细的记载比较，这也是一大憾事！

如果能以集体著作的方式取代个人之力，这些缺点相信可以改进许多。个人的、零星的科学史著作，亦如同中国古代孤军奋斗的科学家一样，是中国科学发展的一大致命伤！我们今天从事科学史研究，乃至从事科学研究，都必须牢记先人的这种教训。

老足
山箔

蠶浴
取繭

治絲一
擇繭
繅車一

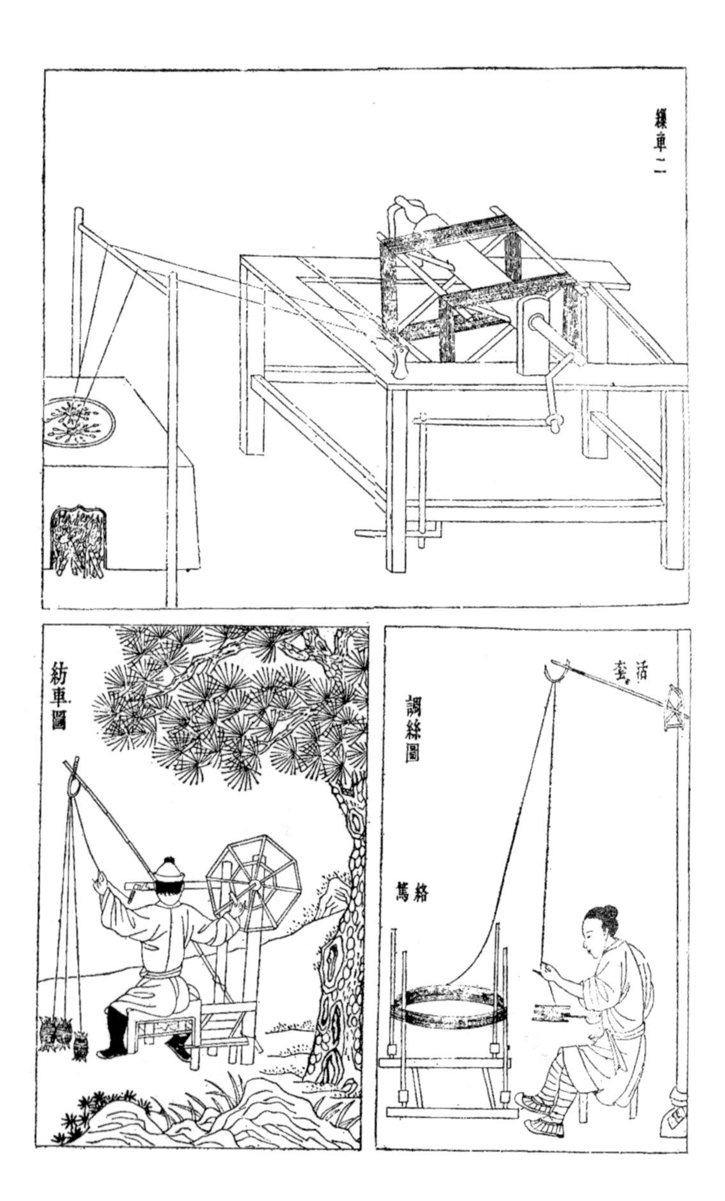
繅車二
紡車圖
調絲圖
活套
絡篤

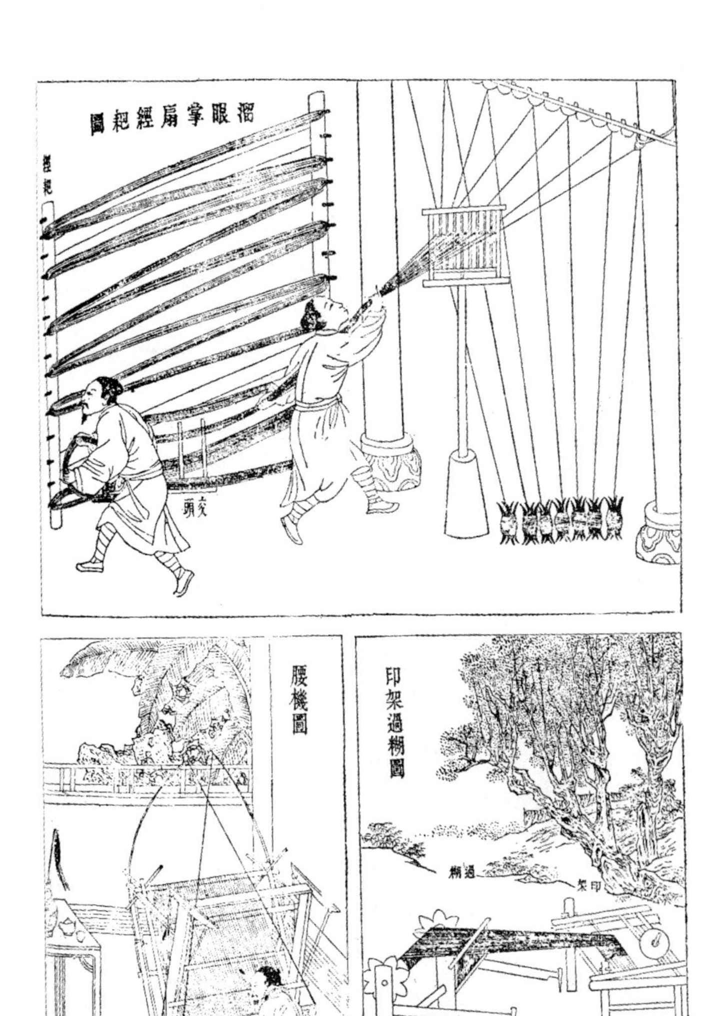
溜眼掌扇經耙圖
經耙
交頭
腰機圖
皮幅
印架過糊圖
過糊
印架

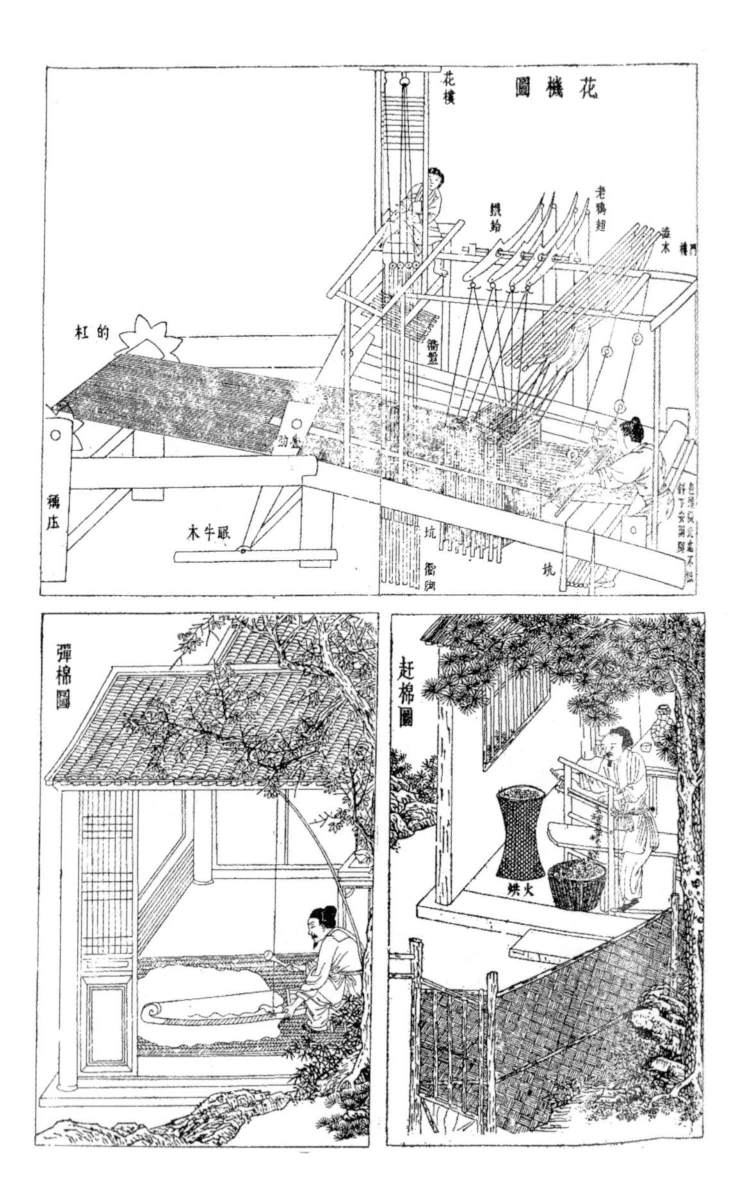
花機圖
花樓
老鴉翅
鐵鈴
衢盤
的杠
疊助
稱庄
眠牛木
坑
衢脚
坑
彈棉圖
赶棉圖

擦條圖

紡縷圖一

紡縷圖二

第八章 《天工开物》里的陶瓷技术

一、小引

“陶成雅器，有素肌玉骨之象焉。掩映几筵，文明可掬。”

这是宋应星在《天工开物》里，对陶瓷品的赞语。在中国传统美术工艺中，制陶瓷技术可以说是最可夸耀的了！中国的陶瓷，有非常悠久的历史，自古就驰名于全世界，到今更为世人所叹服。中国陶瓷技术，在长期的发展过程中，经历了从陶器到瓷器，从青瓷到白瓷，又从白瓷到彩瓷的几个阶段。

二、陶器发展简史

古代原始、素朴的陶器，是一种艺术与生活融合的产品，它一方面是与人们日常生活有密切关系的日用品，另一方面也是艺术品。这与后来发展的，只用于观赏品玩，不用于日常生活的陶瓷纯艺术品不同。今天我们走进博物院，看到那么多琳琅满目、精雕细琢的陶瓷器，应该也要思量一下，在这样高度水平、接近完美的陶瓷器背面，先民是怎样地由实用的基础出发，在文明的进步中，在实践的过程中，成就了一套高度的中国传统陶瓷技术。

根据考古的证据，早在六千多年前原始的新石器时期，我们的祖先就已经创造并且使用陶器，当时的陶器是用黏土经手工捏制以后，在陶窑里用五六百度的低温烧成的，质地粗松。这种陶器在黄河流域、黑龙江流域、长江中下游和东南沿海地区等广阔的土地上都普遍发现。

原始社会的陶器开始都用手制，后来逐步发展为用陶车的轮制。这些陶器按其用料和制作方法的不同，可分为泥质陶、青砂陶、红陶、彩陶、灰黑陶、白陶、印纹陶，等等，代表了先民社会制陶的不同阶段发展。在长期的实践中，人们对于陶土的黏性和可塑性，对于火的利用和控制，都逐渐地提高了认识，不仅由手制、模制发展到轮制，而且用精细淘洗过的陶土作胎，器皿的外部不仅轧光，有的还绘有红色、黑色的图饰，考古学家称之为“彩陶”。有一种质地坚硬、胎薄纯黑近乎半透明的陶器最引人注意，人们叫它作“蛋壳陶”。而这些陶器所以质地坚致，是和当时陶窑结构的进步分不开的，龙山文化时期的陶窑，已经出现了火口、火道、火膛、火室的结构，通风和热量扩散比较好，烧成温度比较高，火候控制也比较容易，因此当时陶器不但质地致密，而且品种增多，既有一般的红陶、灰陶，又有制作比较精的白陶和黑陶，已用轮制，陶胎细薄，精致挺拔。因为这类陶器出现在山东历城的龙山镇，所以称之为“龙山文化”，是新石器时代晚期的一种文化。

随着历史的前进，陶器的用途越来越广，质量也愈见提高。春秋时代，制陶工人已有明确的分工。战国时代，陶器有了更精巧细致的花纹图案，甚至还刻上了山水花鸟。

瓷器虽然和陶器本质有别，但它们的烧制过程是极为相似的，可以说制瓷工艺是源于制陶工艺。原来单用陶土烧制的陶器，表面总不很光滑。后来，制陶工人在生产的过程中发现使用了“釉”，使陶器质量跃进了一大步，并为瓷器的出现提供了条件。“釉”是一种矽酸盐，涂在陶胚表面，经过烧炼，就如玻璃般光洁平滑。如果我们进一步在釉中加入不同的金属氧化物，还会成为“色釉”，显示出各种美丽的色彩。从新石器时代晚期到商代，出现了内外涂釉的陶器，这是经过一千度以上高温烧成的刻纹白陶，和压印几何纹饰的硬陶，可说是原始瓷器出现的基础。

西汉以后，各种“色釉”的陶器越来越多。我们在历史博物馆看到著名的“唐三彩”就是用色釉制成，黄、绿、紫三色交织的彩色陶器。“唐三彩”可说是中国陶器绚丽多彩的高峰。

陶器吸水，不透明，敲上去声音沉闷。瓷器质地远比陶器细密、坚硬，而且不吸水、半透明，敲击时发出金属般的声音。制造瓷器，必须用质地好的陶土和长石、石英等原料配成泥浆、做成坯子；经过初步焙烧成为粗坯，加上釉后，再放到一千多度的高温窑里烧炼；这样使得坯子的原料起了复杂的化学变化，且和釉密切结合，成为质地致密的瓷器。

三、瓷器源于陶器

真正瓷器的诞生，是一个逐步发展的过程。我们的祖先经过数千年的辛勤生产，尝试错误，累积了丰富的制陶经验，并在此基础上，首先制出了半陶半瓷的容器，再逐渐发展到正式的瓷器。近代以来，在黄河流域和长江中下游流域，发现了不少原始青釉瓷器，它和一般用黏土制胎的陶器不同，采用的是“高岭土”，高岭土是江西省浮梁县高岭一带的白色陶土，品质精纯，最适于制造瓷器，后来人们称同类的瓷土也作高岭土，高岭土也叫瓷土，瓷土混合了长石、石英，就是做瓷器的坯料，瓷坯在表面施有玻璃质釉，在摄氏一千二百度以上的温度焙烧，成品质地坚硬而不吸水。我们将安阳殷墟出土的瓷器拿来作化学成分分析，发现其中所含的酸性氧化物较陶器相对增加，而碱性氧化物如氧化钙、氧化镁、氧化钠等却相对减少，这就是瓷器烧成的温度较陶器高出很多的原因。在高温下烧成的瓷器，由于表面施有一层薄薄的青色玻璃质釉，所以它的吸水率降低了。

高岭土的采用，加釉的发明和发展，还有烧成温度的提高，基本上都和宋代以后的瓷器一致，可以说在商（殷）代，瓷器生产就已奠定一个良好的基础，商代恰标志着我国陶瓷生产进入一个新的时代。

然而，由于商、周时期瓷器加工制造的过程不很精密、瓷坯和釉的配合不很准确、温度火候的掌握还不够熟练，所以和以后的瓷器相较，质地自然较差。我们叫它作“原始瓷器”。

四、瓷器的进一步发展

根据考古的发现，从东汉末年到六朝时期，瓷器制造在釉质和光洁润泽程度上已有显著的提高。特别是在东晋，江浙一带出现大量烧制青瓷的窑，所产青瓷胎质细腻坚致，通体施有浓绿的厚釉，大大不同于施釉薄、颜色淡薄的原始青釉。逐渐形成独特的系统，为后来南方青釉的高度发展，奠定了良好的基础。

隋、唐时期，瓷器的制造更是丰富多彩。由于繁荣发展的经济，使得大家对于光洁匀整、不会渗透水分的瓷器，其需求量不断地增加。当时白釉瓷器的烧制技术日益成熟，黑釉瓷器更加进步，还有利用含有不同金属氧化物釉料烧制成的各种彩瓷。

我们知道，瓷器所以引人注意，有一个很重要的原因，就是它的坯体施有一种或多种会显出不同颜色的釉药。例如：晚唐、五代和宋初，以浙江绍兴、余姚一带为中心的“越窑”，烧成胎质细腻、釉色匀润的青瓷，有人用“千峰翠色”“嫩荷涵露”来形容它的色质，真是令人惊叹啊！五代时，后周世宗柴荣的御窑（又称“柴窑”）曾制出许多出色的青瓷，颜色如“雨过天青”般的优美，这种珍品，人们曾以“青如天、明如镜、薄如纸、声如磬”来形容！另外，宋代有“粉青”“翠青”“乌金”“玳瑁”和“染彩”，元代有“青花釉里红”……这些美名，都是对我国历代在制釉方面既有新的发展，又有独特风格的赞扬！

五、施“釉”原理

前面说过，我国早在商周时期就发明了釉药。釉的主要成分有碳酸盐、氧化铝、硼酸盐或磷酸盐等。使釉能呈色主要是因为铁、铜、钴、锰、金、锑和其他金属元素。例如汉代的多色釉，就是铅釉（铅的氧化物）中含有铁盐或铜盐，产生化学变化的结果。

从化学课中，我们学习到，各种金属在高温火焰下可以呈现各种不同的颜色，例如钠是黄色、钾是紫色，此称之为“焰色反应”。铀药中金属元素呈色反应也是类似的原理。就铁的呈色作用来说，铁的氧化物有两种：一种是氧化亚铁，呈绿色；一种是三氧化二铁，呈黑褐或赤色。釉中的铁元素，如果用温度较低的还原焰烧炼，就能变成氧化亚铁；如果用高温的氧化焰烧炼，就能变成三氧化二铁。据分析，在瓷釉中，如果氧化亚铁的含量小于千分之八，烧出来的瓷器就能出现淡绿色，如果含量大于千分之八以上，绿色就会由淡变浓。但如果铁的成分太多也不好，超过百分之五，不仅还原发生困难，而且颜色渐呈暗褐色，甚至近于黑色了！

越窑之所以能烧成“千峰翠色”般优美的瓷器，就是因造瓷工人掌握百分之一到百分之三，恰当的氧化亚铁成分获得的。在当时，要能掌握此一技术是很不容易的，不仅配置釉药量要准确、含铁的成分要适当，而且还必须严格控制窑里的温度和通风情况，使瓷器在还原焰中烧成。

六、宋瓷

宋代瓷器在胎质、釉料，和制作技术上又有新的提高，是我国瓷业发展史上一个重要阶段，也是造瓷技术完全成熟的时期。在工艺过程方面，有明细的分工，例如：火候、配料、制胎、施釉等工种。这种明确的分工，标志了瓷业的发展，也促进各种专门技术的进步。并且不仅生产寻常的生活用品，也开始制作艺术品。当时，定窑、汝窑、官窑、哥窑、钧窑合称宋代五大名窑，这五大名窑和其他名窑的作品，在釉色、造型、花纹图案装饰等方面，都有独特的风格。例如龙泉哥窑用不同的受热膨胀系数烧成的“百圾碎”，哥窑的“粉青”，定窑的“莹白”“甜白”“牙白”和“绣花”“刻花”“印花”，官窑的“紫口铁足”，景德镇的周白

(影青)，建窑的“乌黑兔”“毫鹧鸪斑”，磁州窑的黑釉刻花及染彩等瓷器，都是极负盛名的珍品。

宋窑结构的革新也值得重视，就龙泉窑来说，它是长龙状，依山建筑，一次可以放置一百七十多排，每排容一千三百多件，一次可烧两万到两万五千件。窑的中部作弧形，可以降低火焰流速，火势从前向后移动，热量可以全部利用到，成品釉色一致，很少差异。因为结构的适当，宋瓷在质量上有很大的进步。

七、由《天工开物》所见的明代制瓷技术

明代的烧瓷技术比前代又有所前进，巨大成就尤其表现在精致白瓷的烧制成功，这种细腻晶莹的白瓷，由于所含的氧化铝和二氧化碳特别高，所以釉色透亮明彻。

根据《天工开物》的记载，白瓷使用“白土”为胎土，白土又称垩土、白陶土，而白瓷即以“出产此种白土的真定定州、平凉华亭、太原平定、开封禹州、泉州德化、徽州婺源、祁门”等地为发达，“真定、开封所出产的，有时候会黄浊而无光泽”，这是因为铁成分太少的原因。“浙江省处州丽水、龙泉两个地方生产杯子和茶碗，在烧成后施釉，则可呈如漆一样的黑色”，此乃因釉中所含的铁过高。此种产品特称为“处窑”。“龙泉这个地方，出产的瓷器非常高贵”，五大名窑所指的“哥窑”即是在此。

在中国著名的瓷器产地中，江西省浮梁县的景德镇是更为大家所熟悉的了！景德镇制瓷始于南北朝，距今已有一千四五百年。但据《天工开物》所记“景德镇本身的陶土早已用尽，到了明代，所需的陶土要由婺源、祁门两地的高梁山和开化山运来，高梁山出产粳米土，质硬，是一种耐火度低的长石质岩；开化山出产糯米土，质软，就是耐火度高的陶土”。景德镇制瓷，同时需要这两种原料，将其做成方块，经由长江的支流，用小舟运到镇上。

宋应星是江西人，他实地观察造瓷的过程：“取相同量的粳米土和糯米土放在石臼里舂一天，然后放在水缸里，上浮的是较好的细料，下沉的是较差的粗料，再把细料用同法分离一次，就可以分别得到最细料和中料。”这实在是一种简易有效的方法。

“接着将此原料倾倒在火窑的砖造长塘中，使陶泥能干燥。然后用清水调和造坯”，造坯的时候要使用“陶车”（见“过利图”，在右边的造坯工人所使用的即是），“陶车的构造是将一根直木埋入土内三尺，上面高出地面二尺多，在其上装二个圆盘，盘顶的正中央做一个圆球柱状的突起。制造杯盘的时候，将圆盘转动，手持陶土慢慢盖上圆盘中央的球柱状突起，就会成为杯、碗的形状。”当然这是需要熟练的技巧的，而圆盘上的突起因各种器物的需要有不同的设计。

接着是“过利”：“先放在水中滋润一下（称之为‘汶水’），然后手持木刀在瓷器开口的边缘用力一按，就可得到所需的嘴，形状似‘雀口’。再来是补整缺碎，放在陶车上旋转打圈、书写字画（见附图）。”然后是上釉，釉料有多种，其中青料称为“无名异”，是含有钴、铁的氧化锰矿，将之放入铅釉使用，若烧成的温度高，则显出钴之青色，低则锰之颜色较显著。若用普通的釉料，会显出褐色。至于要显出美丽的紫色，就须要含碱成分较高的釉料。

最后就是放到窑中去烧。“瓷器经过书画、过釉后装进‘匣钵’内，匣钵是用粗泥所造，其中一个泥板托着瓷器，泥板下面充满砂子”，这可以使热量散布较均匀。“匣钵一次只能装一件大的瓷器，小的则可容纳十多个。好的匣钵可用十几次，差的一两次就坏了。将匣钵在窑内安置好后，即点火烧瓷。瓷窑上方开有十二个圆孔称为‘天窗’（见附图），首先我们从窑门烧十个时辰（二十个钟头），由于瓷窑的特殊结构，不在平地设置，而必在斜坡或高地上，是为了能使低窑门口点燃之火，能顺次向高窑移动。火力由下而上之故，再从天窗掷柴火烧两个时辰，火力由上而下。燃烧足够时，瓷器应该软如棉絮，可以铁叉夹出一个来看看燃烧是否够了。总计需要十二个时辰，也就是一天的时间，才能停薪止火。”

宋应星最后说：“一坯工力，过手七十二，方克成器。其中微细节目，尚不能尽也。”道尽了制瓷所需要的复杂过程和精巧工艺技术。今天，我们在故宫博物院或其他地方，看到古代的瓷器乃至当代的产品，我们实不能忘记，这些精美的瓷器代表多少中国人血汗和智慧的结晶。

八、瓷器的外传

唐朝的时候，我国的瓷器向西经由“丝路”，向东经由海路传到邻近的国家，再由这些国家渐次西达北非和地中海沿岸各国。15 世纪后才遍及欧洲，辗转影响到全世界各地，给人类文明添上了新的一页。

中国的造瓷工艺也逐渐外传，造瓷工艺最先在公元 918 年传到朝鲜。公元 1223 年，两个日本人到福建学会造瓷技艺，将技术带回到日本。11 世纪时又传到波斯，再传到阿拉伯各国。公元 1470 年，传到意大利及西欧各国。但是，要等到 18 世纪初，西欧才第一次造出真正的硬质瓷器！当中国的宋瓷放出光芒万丈的时候，欧洲还没开始起步，今昔中西文明的消长起落如斯，能不令人喟叹！

瓶窰連接缸窰

瓷器窰
天窗十二眼投入薪燒火兩箇時火從上足下共計火力十二時辰
門火先燒十箇時足火從下攻上

造缸

瓷器淡水
過利圖
瓷器過釉
打圈圖

第九章 《天工开物》里的造纸技术

一、小引

纸是现代人日常生活不可或缺的物品，无论读书、看报、写字、作画，我们都少不了它。在现代社会的生活里，文化传播、思想交流、发展教育……如果没有纸，我们简直无法想象生活将变成什么样子！

二、早期的书写材料

最初，纸是作为新的书写记录材料出现的。在纸没有发明之前，我们的祖先，用龟甲、兽骨、金石、竹简、木牍、缣帛来记录事物。

相传在远古的时候，人们用“结绳”“堆石”等方法来简单地记事。在文字出现以后，我们的祖先开始把乌龟的腹甲、牛羊等动物的肩胛骨，加以取制加工，作为刻写记事的材料，这即是殷人的“甲骨文”。商、周之际，青铜技术发达，人们利用铸造青铜器的时候，把文字铸印在其上，称为“金文”，又称为“钟鼎文”。到战国末年，一般已不用青铜器来作记事的物料，其上的文字，只是简单的铭文，督造者、铸工和器物的名称，不再有长篇的文字。

三、简牍与缣帛

春秋末期到魏晋时代，人们又采用新的记事材料，叫“简牍”。“简”是竹简，“牍”是木牍，又合称“竹木简”。在这种竹片或木片上，每根只能写一行或两行字。简的长短不一，容纳的字数也不同，最多大约能写四十字，最少的才八个字，因此一篇文章或一部书，必须要用皮或丝把许多简片连起来凑成。《史记》里记载孔子晚年喜欢读《易经》、“韦编三绝”，“韦编”便是编系简片时用的皮或丝，因为时常翻动，所以断了三次。若干简编在一起后称为“册”，也写作“策”，“册”是象形字，就像竹木简用绳子串起来的样子，可以说是中国最早的书籍，我们现在把一本书叫作一册书，就是由此而来。

“简牍”比起甲骨、钟鼎来轻便得多，而且材料来源广泛，所以它一出现，很快就被人们普遍采用。竹木简的使用，虽然是一个很大的进步，但我们试想一想，用这种木片或竹片编缀而成的书籍或公文档案，不但翻阅起来十分麻烦，携带尤其不便。战国时代有一个学者惠施，旅行的时候，他的书要用五辆车装载。秦始皇统一天下之后，所有的事无论大小都要自己决定，每天昼夜不息批阅的公文，就重达一百二十斤。西汉时东方朔写建议信给武帝，总共用了三千根奏牍，需要两个身强力壮的武士才能勉强把它举起来。这一大堆木简被送到武帝面前，武帝看了两个月才看完。尽管汉武帝如何忙，读一篇三四万字的文章也用不了这样久，当然这是因为三千根奏牍一根根地解下阅读，看完又再系起来，所以大费时间了。

在纸未发明以前，和“简牍”差不多同时使用，而较之轻便的另一种书写材料，叫“缣帛”，这是一种丝织品，可以写字，也可以作画，既轻便又好看，而且可以卷起来，往往一部书就写在一卷缣帛上。“读万卷书，行万里路”中“万卷书”的由来即此。

“缣帛”虽然方便，但是价格十分昂贵；在汉代，一匹缣帛（宽二点二尺，长四十尺）相当于七百二十斤米的代价，一般人是用不起的！

四、制纸的源起

简牍笨重不便，缣帛虽轻便但太贵，这样就看出纸的价值所在了。一般认为公元105年蔡伦试验制纸成功，把所制造的纸送给皇帝，是中国有纸的开始，但这不完全是正确的，如同其他的创造发明一样，后代虽然深受其利，但多不能明确说出谁是始创的人。蔡伦是中国造纸术的改进者，纸的发明和应用远在他以前。

那么，最初的纸张是怎样造出来的？造纸法是谁发明的呢？最早的纸，是人们在制作丝绵的过程中发明的。我们对“纸”字作分析，可以发现纸的最早出现是与丝织业有关的。在公元1世纪东汉许慎所写的《说文解字》一书中，对“纸”一字意义的注释是:“纸，絮一箔也。从系，氏声。”从这可以看出纸的起源和丝织业的漂絮法有关。我们也可从“纸”字的字形来分析，左边是丝字旁，右边是氏字，而古时候，氏字是人或妇女的代名词。这些都说明了原始的纸实际上是属于丝一类的絮，这种絮或是丝织作坊的女工在水中漂絮以后得到的。

中国是世界上有名的产丝国家，养蚕制丝有悠久的历史，早在公元前16世纪到公元前11世纪的商代，中国已经植桑养蚕，缫丝织绢。“漂絮法”就是把煮过的蚕茧放在水里，垫在竹制的席子（箔）上打击，直到蚕茧被捣碎，再放到流动的河水里漂击，等到茧子完全散开，成为一片完整的丝絮时取下。在漂絮的过程中，有残留的丝絮在篾席片上，晒干以后，把残絮剥下来就成了一层薄薄的絮片，用来书写倒是很好的材料，这便是最初的纸了，当时称作“赫蹄”，它的制作方法虽然简单，但却是中国古代造纸术的重要开端，它为中国造纸术的发展开创了道路。

纸的发明，可能就是妇女们在漂絮的时候，发现席上黏成的薄片，因而加以利用。初期由漂絮法捶打而成的纸张多裁成方形，面积也不能太大，用途有限。后来更进一步，有意地把质量较差的丝絮捣烂，仍用击絮的席子把它捞起来，晒干便成为纸。《说文解字》所说的“絮一箈”，正是指这种方法制成的纸，这和后代用竹子编成的细帘捞出一层纸浆，再晒成纸的手续，基本上是相同的。这种方法也使得纸张的面积渐大。比起击絮的副产品“赫蹄”已大有进步。

五、蔡伦改进造纸术

那么，相传蔡伦造纸的故事是虚构的吗？蔡伦在中国造纸术上便没有贡献了吗？不是的，他虽然不是纸的发明者，但却是一个很重要的推广者和改进者。按照范晔《后汉书》卷七十八——《蔡伦传》，《初学记》第三十一——《纸部》，和《太平御览》第六〇五——《文部》中的第二十一——《纸门》的记载，我们可以了解他是桂阳人（现今湖南耒阳、郴州一带地方），“有才学”，“每至休沐，辄闭门绝宾，暴体田野”，可见他经常到郊外，了解人们生活的经验。曾经做过尚方令，“尚方”是掌管皇家供奉工业的官府。他对于制造物品方面表现出特别的才能，《后汉书》本传里说他“监作秘剑及诸器械，莫不精工坚密，为后世法”。他看到简策太重，而裁割缣帛书写又太贵，都不适合一般人使用，于是依照制絮纸的方法，不再用丝絮，改用便宜易得的材料，“用树肤，麻头及敝布、渔网以为纸”。破布和渔网是废物利用，树皮、麻头也随处可得，蔡伦结合原有的技术和新利用的材料，创造了和以前原始的絮纸不同性质的新纸。这种新发明使制纸的原料来源在种类和数量上都增加很多，首先利用旧渔网的植物纤维造“麻纸”，从而用榖（也称构）树的树皮纤维造“榖纸”，竹的纤维造“竹纸”，稻秆、麦秆的纤维造“草纸”，又可以利用各种树皮、麻、竹、稻秆等材料混合，制成各色各样的纸，而基本的材料都不离植物的纤维。

由于利用寻常的植物纤维造纸，材料的来源丰富起来了，生产量也大大地增加起来。可以说自从蔡伦造纸以后，纸的利用是多样又普遍了。简帛不必说，从前的絮纸，限于技术水准和造纸材料的来源，产量很少，只供宫廷里珍用，后来产量虽然逐渐增加，似乎也没有普及为一般文人应用，至于一般老百姓，更难得使用这种贵重的絮纸了。蔡伦把这种造纸的方法上奏皇帝，“帝善其能”，“自是莫不从焉”；皇帝嘉许他，这个造纸新方法很快在全国推展开来，利用的范围，飞跃式地扩大，一般老百姓都能使用，便利之处，不仅用来书写文字，而且利用到手工艺和一般日常生活的用途上，开创了用树皮等多种植物纤维造纸的新阶段。

千余年来，中国制纸的材料多是依蔡伦的方法加以推广的，想到纸在中国文化乃至世界文化上的贡献时，我们实在是要推崇他的！

1942年秋天，史学家劳榦先生在新疆罗布泊额济纳河沿岸的烽燧遗址下，掘出了一张汉代的纸。烽燧遗址中，曾经掘出汉简七十八根，其中大部分是公元1世纪左右的兵器簿。这张纸在遗址的下面，大致说来与蔡伦造纸时间相同。分析这张纸的成分，知道是植物纤维造成，纸质粗且厚，帘纹不甚显著。也许这便是蔡伦试验用树皮、麻头之类植物纤维造纸，还未完全成功时的初步产品哩！

蔡伦造纸的过程，根据近代学者的模拟实验，大体上是把麻头、破布等原料先用水浸，使它胀开，再用刀子切碎，用水洗涤。然后用草木灰水浸透并且蒸煮；这可以说是后世化学碱法制纸浆的鼻祖，通过碱液的蒸煮，原料中的色素、木质素、胶质、油脂质等杂质都被除去，再用清水漂洗后，加以捣碎，捣碎后的细纤维用水配成悬浮的纸浆，再用会漏水的纸模捞取纸浆，经过脱水、干燥之后就成为纸张。

一般老百姓都可使用这种方法，以简易的设备，从纺织废料中用化学和机械加工方法，使纤维原料更生，制成植物纤维纸，这在化学工艺史上是一项突破性的成就。在这样制纸的过程里，有两个重要的技术性关键：一是用化学方法把原料中的非纤维成分去掉，再用很强的机械力量——舂捣使大分子纤维切短、分丝。二是设计一种多细孔的平面筛，使纸浆能在其上滞留，大部分水滤出，含少量水的纤维成分便会留在上面，再经干燥、脱水，就是一张有韧性，可供书写日常生活之用的纸了！

自公元2世纪造纸术在我国各地推广开来以后，纸就是简牍、缣帛的有力竞争者。到公元三、四世纪，基本上，纸已经取代了简、帛成为唯一的书写材料，有力地促进了中国文化的发展和传播。

六、造纸术的进一步发展

继蔡伦以后，中国历史上还出现过许多造纸原料的开拓者和改革者。三国时期，在曹魏的区域就出现了一个造纸能手左伯，左伯结合前人的经验，改进技术，造出了被后人誉为“研妙辉光”的“左伯纸”。魏晋南北朝时期，我国造纸术不断地更新、进步，在原料方面，除原有的麻、楮外，又扩展到桑皮、藤皮。在设备方面，出现了活动的帘床式纸模：用一个活动的竹帘放在框架上，可以反复地捞出成千上万张纸，提高了生产的效率。在加工制造技术上，改进碱液蒸煮和舂捣，纸的质量都提高，也出现色纸、涂布纸、填料纸等加工纸。

到了唐朝，此时的政治、经济、文化出现了繁荣的景象，农业、手工业、商业都有相当大的发展，加上纸币和账册的使用，都促进了造纸业的发展。造纸区域逐步扩大，各种加工纸陆续出现。当时北方的桑皮纸、四川的蜀纸、安徽的宣纸、江南的竹纸相继问世，印花、染色、磨光等加工技艺也相对提高。唐代的绘画艺术作品不少是纸本的，正反映出造纸技术的提高。

宋朝的时候，在温暖多雨的江南，开始有人把纸做成油纸伞、雨衣、蚊帐等日常用品，纸的用途更加扩大，充分表现了中国人丰富的生活智慧。那时竹纸已盛行了，全国各地的老百姓就地取材，树皮、芦苇、稻秆、破布、藤等，都成为造纸的原料，做成各种品质精良的纸张，如安徽集合洁白、细密、均匀、柔软优点的宣纸，江西、福建的连史纸、毛边纸、表芯纸，贵州、云南的皮纸，都很实用，受到人们的称赞。

宋元明时期，楮纸、桑纸、皮纸和竹纸特别盛行，消耗量大，技术的要求也高。各种加工纸品种繁多，除了书画、印刷、日用、纸币外，室内装饰用的壁纸、纸花、剪纸也很美观，并且行销于国内外。

这一时期里，有关造纸术的著作不断出现。如宋苏易简的《文房四谱·纸谱》、元费著的《蜀笺谱》、明王宗沐的《楮书》。但以《天工开物》对我国造纸术的记载最多，《天工开物》第十三篇《杀青》中关于纸料、竹纸、皮纸的记载，可说是我国造纸术发展到高峰的总结性叙述，也是当时世界上关于造纸术最详尽的记载。

七、《天工开物》中的造纸技术

所谓“杀青”是因为斩竹子作原料而得名，文天祥《正气歌》中留取丹心照“汗青”则是制纸时加以蒸煮，绿色的汁流出如出汗一般。这两者都说明了制纸过程与竹子大有关系。

在“纸料”一节中宋应星记载：“用楮树皮、桑穰、芙蓉膜做的是皮纸，用竹子做的是竹纸。纸张精美的极其洁白，供书写、印刷、信笺使用，粗糙的纸张则用来做冥钱，或包裹用。”

接着详尽地介绍竹纸的生产过程：第一步是“斩竹漂塘”（见图），“竹纸的制造起源于南方，尤其以福建为盛”，这是因为竹子生产在温暖多雨的南方。“材料则以将生枝叶的新生竹子为佳。在芒种前后上山砍竹，截为五到七尺长，就地开一个水塘，将竹子浸一百天，取出用力捶洗使青壳和树皮脱掉，接着‘煮楻足火’（见图），拌入石灰浸在楻桶中蒸煮八昼夜，停火一日，取出竹料放入清水塘内漂洗。进一步用柴灰（草木灰水）浆过，再入锅釜蒸煮，用灰水淋下，直到沸腾则换一个锅釜，如是反复十多天。”这样的过程目的是要去掉色素、杂质等，并且使竹纤维分解。

“接着取出，更放在臼内，用力椿成泥面状，制成纸浆，倾入槽内。再‘荡料入帘’（见图）——用绷着竹帘的木框，从纸浆中荡过去，这样取出来的竹帘上便留下一层纤维。把竹帘铺在压榨器上，取下竹帘，这层湿纸便落了下来。再行‘覆帘压纸’（见图），压榨器上一层一层堆积起来的湿纸经过压榨，使水完全流干。然后以轻细铜镊逐张揭起‘透火焙干’（见图），烘干先用土砖砌成夹巷，在夹巷内生火，热气能使纸张干燥。”

“在南方因为竹子易得，纸张都不收回再造，然北方即寸条片角都取来再造，称作‘还魂纸’，这样能省掉煮、浸的过程。”

“冥钱等粗糙的纸张，斩竹、煮麻、灰浆、水淋都同，只是从竹帘拿下后，不用烘干，直接压榨水分、日晒而已。盛唐的时候人们喜欢祭祀鬼神，用焚烧冥钱代替布帛，称为‘火纸’，湖南、江西一带，有人一次焚烧达千斤之多。”

“粗糙的纸张，十分之七供冥烧，十分之三供日用。其中最粗而厚者称‘包裹纸’，铅山等地生产信笺用纸，全用细竹料荡成厚质。最上等的为富贵之家使用的‘官柬’，纸质精美没有纤维的痕迹，染红就可作喜帖之用。”

《天工开物》中的《杀青》一章，使我们今天能了解中国古代造纸的详细过程，经由它，我们更确定了中国四大发明之一的“造纸”，在世界文化中所代表的意义。

八、造纸术的外传

从公元6世纪开始，中国的造纸法相继外传，7世纪时经过朝鲜传入日本，8世纪中叶经中亚传到阿拉伯，原来唐朝军队在中亚打了败仗，俘虏中有懂得造纸的士兵，当时在阿拉伯（古称大食）的巴格达（伊拉克）、大马士革（叙利亚）、撒马尔罕（乌兹别克斯坦）等地建立第一批造纸工厂时，就是由这些被俘虏的士兵传授技术的。阿拉伯纸大批生产以后，就不断向欧洲各国输出，于是造纸术也随后由阿拉伯传入欧洲。

到了 12 世纪，欧洲人先在西班牙、法国设立纸厂，13 世纪在意大利和德国也相继设厂造纸。到了 16 世纪，纸张已经流行全欧洲，彻底取代了羊皮和埃及莎草。此后纸更逐步流传到全世界各地。

在公元前 2 世纪到公元 18 世纪的两千年里，我国造纸术一直居于世界先进水准；我国在造纸的技术、设备、加工等方面为世界各国提供了一套完整的工艺体系。现代造纸工业的各种主要环节，都能从我国古代造纸术中找到最初的发展形式，世界各国沿用我国传统方法造纸有一千年以上的历史。抚今追昔，炎黄子孙岂不慨叹！

斬竹漂塘
煮楻足火
蕩料入簾
覆簾壓紙

透火焙乾

第十章 《天工开物》里的造船技术

一、小引

中国有一句成语说“南船北马”，船和车在中国，确是最主要的交通工具。《天工开物》的第九卷所载，就是各种船和车。

在北方，黄河急湍，水位的变化大，其他较小的河流也短浅不适行舟，所以以兽力为动力的车辆是主要的交通工具。南方长江流域，水阔河深，湖泊密布，各式各样的舟船自然发达，适应各种不同地理环境和不同的性能要求。

二、古代的造船和航海

中国很早就发展了造船技术，开辟了河流、湖泊乃至海上的交通。各种船只十分丰富多彩，计有千种左右，仅海洋船就有两三百种之多。

根据考古的发现，远在旧石器时代，我们的祖先——居住在周口店的山顶洞人，就曾与海洋接触，从海滨采取贝壳制成装饰品。到了新石器时代，就发展了沿海的海上交通。《竹书纪年》里就提过，夏朝的国君曾经“东狩于海，获大鱼”。古书里也有人们利用船只在水上搭成浮桥的记载。可见，最早是人们在江河、湖泊、海滨从事捕鱼等生产活动，渐渐发展了造船航行的技术，开辟了水上的交通。

春秋战国时代，不但有内河航运，海上的交通也相当发达了。当时位于江苏、浙江一带的吴国造船航运事业特别发达。吴国的首都在苏州，苏州西滨太湖，东通大海，船舶交通热闹非凡，有各类不同的船只和很大的船舰。《左传》中提到吴国对楚国作战的水军有称为“余皇”的大船，这种船和近代海军中旗舰有相似的作用。

《左传》中又提到吴国曾派水军海路进攻在山东的齐国，当时吴国的大将伍子胥回答吴王阖闾怎样训练水军时说道：“船有大翼、小翼、突冒、楼舡、桥舡等很多种，训练时和陆军相比照，大翼如陆军的重车、小翼如轻车、突冒如冲军、楼舡如行楼车……”可见当时船只种类之多，而且造船航行的发展也与军事有密切的关系。

以浙江绍兴为首都的越国，造船技术也很发达，民用船有“扁舟”“轻舟”“舲”，军用船有“戈船”等，另有“楼船”供官府使用。

越国和吴国都有造船工场，我们现在称为“船坞”，当时人们称为“船宫”。越人称造船的木匠为“木客”、水军士兵为“船卒”、船为“须虑”、海为“夷”。他们也在海上做军事演习，如果没有结构良好的船只，这是不可能的。

当时中国沿海有很多重要的港口，如渤海西北的碣石是燕国的港口，齐国北部有转附、南部有琅琊，吴国有苏江，越国有绍兴和宁波。这也反映了当时可观的水上交通和造船技术。

秦汉之际，中国沿海的南北航线已经初步确立，也有专门的造船基地，并且还经由海上交通和其他国家进行文化交流、商品互换。

秦始皇在统一中国向南方用兵的时候，曾组织过一支能运输五十万大军粮食的船队，规模之大可以想见。

汉代自武帝之后，就确立了中国和日本之间比较经常的海上交通，南部也发展了和印度洋各地的往来。

东汉时，中国和印度（天竺）的海上交通也很畅盛，并曾和印度洋以西的罗马帝国有过接触。远洋航行必须精密地观察天象，也须有禁得起风浪打击，能够渡洋越海的船只，当时中国的天文学、造船航海技术都是世界上首屈一指的！

《汉书》里记载，武帝时的大战船有“楼船”“戈船”等。《太平御览》曾记载武帝时一种称为“豫章”的大船，可载万人。东汉末年刘熙所著的《释名》一书中说到：汉代的大船分好几层，第一层称“庐”、第二层称“飞庐”、最高的那层称为“爵室”。汉代的战船有“先登”（冲锋船）、“斥候”（侦察船）、“艨冲”（战舰)、“赤马”(快船)、“舰”——船周围设版、可抵御矢石，名将马援就曾带领过配备楼船、大小二千余艘的庞大海上舰队。总而言之，当时的造船技术已相当发达，并且航行于远海了!

两汉时代，中国的造船中心在内地有长安、洛阳、四川成都、安徽庐江、江西南昌。沿海的造船中心，在北方有碣石、转附，南方有苏州、绍兴，更南有温州、广州等地，分布相当广。

三国时代，吴魏两国造船事业都很发达。尤其是南方的吴国，水军强大，拥有战船五千余艘。据记载，当时吴国的卫温、诸葛直可能曾率领一万人的船队航行到台湾，同时，贺达也领兵一万经海路到辽东。后来孙权又遣将军聂友去海南岛。

东晋、南北朝时，商人和佛教僧侣来往于中国和南洋群岛、印度之间，海上交通十分繁盛。有名的法显和尚就是乘船到印度求经的，据他所写的《佛国记》所载，当时所乘的海船可容二百多人。东晋安帝时，南京的一次暴风曾毁坏官商船一万多艘，可见当时船只数量之多。南朝时，大船可载二万斤粮食，造船技术又比三国时有很大的进步。

唐朝在海上交通和造船技术方面有更大的进步。当时在广州设立了“市舶使”的官职来管理造船航海事业，并进行对外贸易。当时，中国的造船工匠技师，已经累积了足够丰富的经验，造出船只的特点是船身大、容积广、负载力强，而且构造坚固能抵抗狂风怒涛。大的海船长二十余丈，可载六七百人，装十万斗谷物。在技术方面，曾有记载:“贾人船不用铁钉，而用桄榔须缚船板，用橄榄油涂抹，干后船板坚滑，固底如涂漆，便于速进。”桄榔须是一种乔木的叶柄纤维，用来作绳很牢固，橄榄油是橄榄树的树脂与橄榄树皮、叶一同煎调制成的黑色膏剂，涂在船底坚而滑，所造的船只因此举世无出其右。

宋元两代，中国的对外贸易和海上交通空前繁盛。宋时以明州、泉州、广州等地所造的航海大船最有名。元代主要造船地在扬州、湖南、赣州、泉州。当时中国沿海有许多闻名于世的大港口，尤其是泉州，有“世界最大港”之称。

宋元时代我国造船技术和航海事业的成就，综合起来有几个特点：

（1）船只容量大、负载力强、船板厚、构造坚固、设备齐全，有的还武装自卫。

（2）航行时多利用风力，悬帆四至十二桅，无风时用橹划行，装有八到十二支橹。

（3）船舱严密隔开，如一部分损坏，不致影响其他部分。还有测深装置，用铅锤沉底以测海水之深浅。定航装置，用长绳下钩沉至海底取泥，视泥质来定航位。停航时用首尾两锚固定船位。

（4）船上有正副船长和各级人员，并由市舶司发给执照。航行时，夜观星辰、昼看太阳，阴雨、黑夜用指南针测定航向。每艘大船还带有几艘小船，以便供应捕鱼、救难之用。

可见宋元时代中国的航海事业已相当发达，造船技术已相当先进。

三、郑和下西洋

明代在宋元时代海上交通繁盛的基础上，造船和航海又有了新的发展。郑和七次下西洋就代表了这种发展的顶点。

明朝初年，在南京的钟山，种植了几千万株的桐树和漆树，又在南京的龙江关等地设立大规模的造船厂，制造许多远航的大船。这些都为郑和七次下西洋做好了物质材料的准备。

“西洋”指的是从南中国海到非洲的广大领域。明成祖朱棣为了加强对海外各国的联系、巩固自己的政权，决定以国家的力量，组成一支庞大壮盛的船队，前往“西洋”进行外交和商业活动。郑和是明成祖朱棣的亲信，能言善辩，熟悉军事，跟随朱棣到处征战，立过不少战功，且他出身于信奉伊斯兰教的家庭，而当时“西洋”的商业都掌握在伊斯兰教商人手中。因此郑和担当了这个历史上空前船队的领队。

郑和接受了这个重大的任务以后，监督造船厂的工匠建造了六十二艘航海的大船，称为“宝船”，连同其他中小宝船共二百余艘。其中最大的长四十四丈四尺，宽十八丈，载重达八百吨；中等的长三十七丈，宽十五丈。需要二三百人才能搬动。这大概是当时世界上最大的海船了。

郑和下西洋，共带领二万七千八百多名士兵，还有许多技术人员、官员，在公元1405年从江苏太仓浏河口出海。六十二艘大船按序排列，沿中国东南海岸，朝向波澜壮阔的海洋，浩浩荡荡地出发了!

从公元1405到1433年的二十八年之间，郑和曾带领七次大规模的“下西洋”远洋航行。所到之处包括现在的中南半岛、婆罗洲、苏门答腊、印度、阿拉伯半岛、非洲东岸等地的三十多个国家，航程十万余里，促进了中国和亚洲各国的文化交流、贸易往来。

在漫长的航程里，船只多、补给难、气候变化复杂、航路不熟悉、各种地区性疾病，乃至海盗抢劫，都需要一一克服。由于长期累积的航海经验，终能战胜艰难，并且就航海路线做了详细的分析记录，将航向、航程、港口、暗礁、浅滩的分布绘成地图，将中国的航海又提高到一个新的水平。

四、漕舫

我国古代造船技术的特点，是能创造出可以适应各种不同地理环境、各种不同性能要求的优良船型，善于综合几种优良船型的优点，创造新的船型。

《天工开物》第九篇《舟车》以极多的篇幅描写明代的特殊船只——“漕舫”。

漕舫是专用于漕运的船只，明代所谓漕运，是指将南方作为赋税征收的稻米，从水路运到北京而言。元代的首都在北京，漕运的方式有很多种，尝试过各种方法，元朝末年主要是从海道运输。在明成祖永乐帝自金陵迁都于北京后，将联络南北的大运河疏浚、修改，联络原有的河川，废置海运，将多量的稻米改用河运，因此建造了特别的船，在《天工开物》中，称之为“平底浅船”，这是根据其形状得名的。

当时，每年所须运输的粮食大约是四百万石。或许以现在的眼光看来，这样的数量不能算大。但就当时科技发展的水平看来，沿着长江、大运河一千七百公里的水路，要运输四百万石的数量，却不是一件容易的事。水路沿线的治安是一大问题，而更重要的运输障碍，是长达一千七百公里的水路并不是平坦的、直通的。

在大运河的沿线有几条大的河川连接，因为这些河川水位不同，在大运河中便造成了高低不等的落差。因此，在这些水位落差的地点需要建造水门、水闸，或是要填土做部分的截断，将整个船拖上、放下，或是牵挽、转驳货物。可以说这样的粮食运输是非常困难、绝非容易的。

另一方面，水路遥长，从事运输者所蒙受时间、经济上的损失也相当大。最初是由纳税的农民负担运输。但屡经改革后，组织了有如辎重兵的运输军队，负担漕运的责任。

《天工开物》中说负担漕运的“平底浅船”是由平江陈某开始制造，陈某所指可能是陈瑄，《明史》中有他的传记，指出他在永乐初年指挥海运，运输过很多的粮食。

明代正式利用大运河漕运，大约始于永乐十三年。最早在永乐九年，宋礼监督疏浚山东省部分的大运河——“会通河”，宋礼是漕运的权威人物，《明史》也有他的传记。此外，修改运河的其他部分，最后才废止危险的海运，而专靠大运河进行漕运。

继宋礼之后监理漕运的就是陈瑄，他在湖广、江西等地建造了二三千艘的“平底浅船”，每年运输四百万石的粮食。《明史》中记载陈瑄因此受封“平江伯”。

因为大运河的疏浚不完全，需要吃水浅的船只，“平底浅船”是没有龙骨的平底船，吃水仅有三尺，装载以四百石为标准，而元代及明初的海运是用装载量达千石的大船，每船水手有百人之多。

中国的河船，大多是平底船，而且与长轴垂直的方向有许多隔壁板，这是在万一有破漏时，使浸水限制在一个部分。平底浅船也继承了这两个构造上的特色。造船的木材用楠木或杉木，较差的用松树，其中以用杉木者最为坚固。同时按船结构的不同部分，所用木材的质地不同。

漕舫的规格如下：

底长五丈二尺　头长九尺五寸

梢长九尺五寸　底阔九尺五寸

底头阔六尺　底梢阔五尺

头伏狮阔八尺　梢伏狮阔七尺

梁头一十四座　底板厚二寸

栈板厚一寸七分　钉一尺三寸

龙口梁阔一丈深四尺

使风梁阔一丈四尺深三尺八寸

后断水梁阔九尺深四尺五寸

两廒共阔七尺六寸

所用的材料包括：

底板楠木三根　栈板楠木三根

出脚楠木一根　梁头杂木三根

前后伏狮拏狮杂木二根　草鞋底榆木一根

封头楠木三枋一块　封梢楠木短枋一块

挽脚梁杂木一段　面梁楠木连二枋一块

将军柱杂木一段　桅夹杂木一段

大小钉锔七百斤　艌麻二百斤

油灰六百斤　桐油三十斤

船上设备包括：

大桅一根　头桅一根

大篷一扇　头篷一扇

綍索三副　度綍三副

锚缆一条　锚顶一条

系水一条　絍篢一条

簉头绳一条　人皮四条

捧篷三条　抱桅索二副

橹四枝　脚索二副

招头木一根　篙子十根

挽子一把　水檄一个

跳板一块　橹跳四块

橹绳四条　戽斗一个

铁锚一个　吊桶一个

挨篷木二条　竹水斗一个

舵一扇　舵牙一根

舵关门棒一根　水桶一个

前后衬舱水基竹瓦金　盖篷并衬仓芦席金

船的结构：横置隔木称“梁”，在两边竖立的称“墙”，盖在墙上的巨木称“正枋”，竖桅的地方称“锚坛”，其下横木夹住桅根处称“地龙”。前后连接的地方称“伏狮”，“伏狮”之下称“拏狮”，伏狮下的封头木称“连三枋”，船头面缺一方形区域称“水井”，可藏缆绳等物，在船面前部的两根系缆的柱子称“将军柱”。船尾从下往上斜称为草鞋底。后封头下面称“短枋”，短枋下面称挽脚梁。掌舵人的位置在“船梢”，上面有个“野鸡篷”。

有“头桅”“中桅”二根桅。中桅长的八丈、短的为其十分之八九，悬篷的长度约五六丈。头桅长度不及中桅的一半，篷的大小也只有三分之一左右。风篷的尺寸须依船的宽度来决定，太小没有力量，太大则不稳。船篷是用细竹篾编成，中有较粗的竹条，做成一块块折叠起来。中桅的篷需要十人的力量才能拉到顶端，头桅的篷两个人就够了。在边缘部分的风篷较中央部分产生较大的力量。

船在水上行走的道理就好像风吹而使草动的道理一样，设舵的目的在改变水流的方向，舵的尺寸必须和船腹齐高，因为如果舵长于船腹，在水浅之时，船腹通过了，舵却没有通过而搁浅，如果舵短于船腹，则转变的力量不够，改变方向不够敏捷。船舵的操纵柄称为“关门棒”，操纵的方向和船行的方向相反；希望北驶则往南拉动操纵柄，希望南驶则往北拉动操纵柄。如果船身太长、风力过大时，舵会不易操纵，此时可往下拉动“披水板”，增加船舵的控制力，来抵销巨大的风力。

漕舫用的舵，结构是以一根直木为主干，长一丈余、围三尺，上面联结“关门棒”，下面开一沟，以铁钉接合一块木板，形状如斧头。船尾控制船舵的地方称为“舵楼”（见图）。

铁锚沉在水里用以稳定船身。漕舫一般使用五六根锚，其中最大的称为“看家锚”，重约五百斤上下，另外，船头用两个锚，船尾用两个锚。

在行驶途中遇到逆风，无法前进又无法靠岸，或者船已近岸，但下面有石头无法停泊时，将锚下沉到水底，锚钩可以扣住水底，使船身稳住。锚炼系在船前将军柱上，逆风停止要继续前进时，用“云车”（以杠杆原理操作的轮盘）将锚缆绞上来即可。另一方面，情况危急，需要紧急停船时，可放下最重的“看家锚”。

或者，前行之船行驶缓慢，后行之船有撞上的可能时，可以放下船尾的锚，来减低行驶的速度。

船板间的处理，是在两块船板各凿一个小洞，以白麻穿过来连接，并且在缝隙上，以细石灰和桐油的混合物来填充，福建、广东两地则用牡蛎捣碎成的灰来填充。

漕舫使用的绳索有多种。拉动风篷的是用大麻绞成，它的宽度若大于一寸即可以承担很大的力量。系锚用的缆绳则是用竹篾绞成，而竹篾是来自蒸煮过的竹子。但是在长江进入四川的三峡，沿岸岩石锐利如刀，制造绳索的工匠不是将竹篾抽出以后再绞成，而是以整条煮过的竹子作缆绳，这是因为竹篾易受损伤之故。

造船用的木材也有多种：船桅用长直的杉木，长度不够可以连接，但要用铁环箍住。船梁与船墙用楠木、槠木、樟木、榆木、槐木等。甲板使用的木材没有限制。船舵的主干用榆木、榔木、槠木，其上的关门棒用椆木、榔木。船桨用杉木、桧木、楸木等。这是大概的情形。

五、海舟

元代与明初，运米经由海运，装载的船只有两种：一为“遮洋浅船”，一为“钻风船”。遮洋浅船结构似漕舫，设备相同，但较漕舫长一丈六尺、宽二尺五寸，舵杆用铁力木，船板缝隙用鱼油和桐油混成的灰填充。遮洋浅船适合没有大风浪险阻的近海，它制造的费用比起出使琉球、日本，或到南洋贸易的海船，不到十分之一。

远洋航行的船只以竹筒贮藏淡水数石，可供两日之需，须在航行所经之岛屿补充淡水。

由于见不到陆地，航行的方向须以罗盘来指示。同时为了稳定船身，设有“腰舵”的结构。腰舵和尾舵不同，它是用宽阔的木板切为刀形制成，它不能转动以改变船行的方向，仅有助于船在大海中行驶稳定。但它遇到浅滩仍可提起。

航海不仅需要勇气，也要有丰富的见识来处理所碰到的各种挑战，一望无垠的海洋有时富丽壮阔，有时却是风云为之变色、充满险阻的呢！

当时也可见外国来的船只。从南洋到达福建、广东的船只，用剖开的竹子编成栅栏以阻挡风浪。日本的海船是以人力摇桨为动力的。朝鲜来的海船，前后各有一罗盘，同时也有腰舵的设备。

六、造车

早在商代，中国的工匠已经制造出两轮车，结构精致，车轮已有辐条。周代采用油脂作为轴承的润滑材料，并出现夹辅加强车轮的受力，那时北方各国的交通，战争都使用车辆，诸侯有千乘、万乘之号，指的就是拥有战车的多寡。

在汉朝、三国时代，盛行独轮车。这在当时是一种相当经济而应用广的交通运输工具。《三国演义》中所描述的“木牛流马”，据研究就是一种独轮车。

南北朝时期有以十二条牛为动力的大型牛车。又出现“磨车”，把石磨装置在车上，车轮转动石磨也跟着动，行走十里可以磨十斛麦子。那时的车子有大到装二十个轮子的。五代的时候另有“三轮车”。

现就《天工开物》所载来了解明代车子的各种结构、特性：

车子主要是以骡、马来拉动，有四轮，也有双轮，从轮上承载支架。四轮骡车前后各有一根横的轮轴，轴上以短柱接直梁，在直梁上装置车箱，没有骡子拉动时，车箱也平稳。两轮则不然，在车子被拉动时，车箱是平稳的，车停牵离骡子，须用短木支撑住，否则车箱会倾倒。

车轮又称“辕”，大的车子“毂”围长一尺五寸，所谓“毂”就是内接辐片三十片中间贯穿轮轴以连接两轮的地方。辐片的外围接一圈“辅”，轮子转动一圈就是“辅”着地转动一圈。

四轮大车可载重五十石，拉车的骡、马最多十二匹，有的十匹，最少亦有八匹的，分为前后两排。驾车的人（御者）站在箱子中间，右手持黄麻编成的长鞭以催促骡马用力，左手拿系住各匹骡马的长索以便控制，驾车的人必须非常了解马性与索性，在车行过速时，立刻拉紧长索，否则很容易翻车。在避让行人时，驾车者高声呼喝，则群马皆会停止前进。

大车皆备有“柳盘”，内盛骡马所需的食物，马匹饥饿时可以随时解开马索就地野食。乘车的人由小梯上下车箱。遇到拱桥下坡时，使九匹骡马在前缓行，一匹马在后反方向用力，对抗下坡的冲力，否则容易发生危险。大车行驶需要良好的路面，遇到河流、山丘、曲径小道都无法前进。

造车的木材好的用之造车轴、车毂，以槐、枣、檀、榆等为优，但檀木有不可使用太久的缺点；这是因为檀木摩擦过久易烧焦的原因。而枣、槐合用最为耐用。而于其他的车轸、车衡、车箱、车轭，则任何木材都可以。

山西地方，以牛车来载粮食，在行经狭窄的道路时，牛颈系上巨铃，使行人在遥远的距离就可听到，称之为“报君知”。

北方盛行独轮车（见图），人在后推、驴在前拉。人们若不耐骑马则可雇用独轮车，车上有席棚遮蔽风雨日晒。独轮车必须两人左右相对而坐，否则会向一边倾倒。此车也可载货，可重达四五石。

南方也有独轮推车，但仅以人力在后推动，可载重二石，遇到道路不良即难以前进，最远只可到百里而已。

漕舫圖

六槳課船圖

合掛大車圖

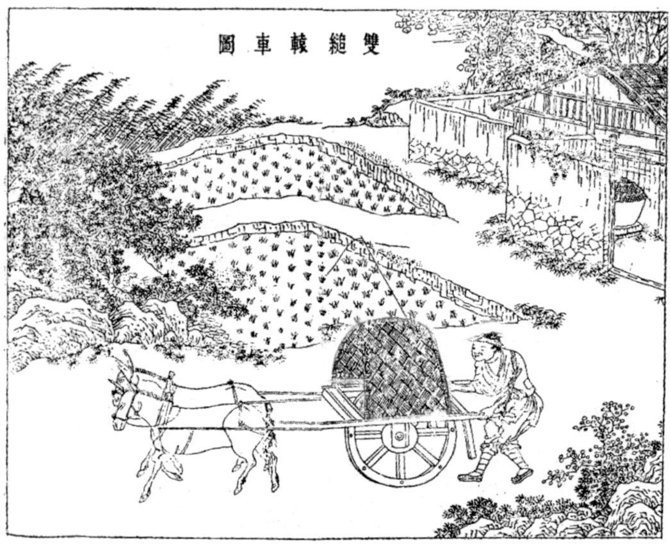
雙縋轅車圖

南方獨推車圖

第十一章 《天工开物》里的兵器和火药技术

一、明代的武器

宋代的武器承袭晋唐之制，夹杂五胡、辽、金、蒙古等异族的武器。元朝有特殊的武器形制。到了明朝，武器有了更进一步的发展。

明代的武器在初期继承宋、元的特性及形态，具有传统的形色。到中叶以后，由于耶稣会教士东来，带进了西方文化，也同时输入了不少西方的武器，带来不少冲击。尤其在明代末叶，因北方满族外患日亟，边疆多事，对于武器制造技术更加注重，出现了不少有关军事技术、兵法的书籍。今以《天工开物》第十五篇《佳兵》所载，对明代武器作一概括性的了解。

二、弓与矢

弓的制造在中国有久远的历史，《周礼·考工记》里就有记载弓的材料为竹、角、筋。制造一弓前后需时四年之久，第一年阴历十二月购备竹木等材料，大略地做出各部分的粗坯。第二年秋天将粗制完毕的各种材料开始整理，然后作黏接工作，将弓的木质部分黏合。到冬季开始精制，此项工作持续到第三年春季，到阴历六月间黏接牛角，秋季作精制及整理的工作，十月黏接牛筋。第三年底弓之主要部分已经完成。第四年矫正弓身，装置其他部分，到秋季打磨牛角，贴沙鱼皮完成装潢。此种制弓过程在中国各地大同小异。

《天工开物》中记载弓身用竹，但东北地区无竹用柔木。伐竹之季节以秋冬为佳，因春夏所产的竹子易蛀朽，两边的“弓弰”用桑木。竹木制成的弓身上黏合角及筋以增加弹性；内侧为牛筋，外侧为牛角。每弓用角一对，角有黑白两种，黑色不透明者较普遍，白色不透明者较少。竹身接着两旁的牛角，松弛时竹在内，牛角在外，拉张时反而牛角向内。角边缘再接桑木弰，其末端刻一凹槽以便接受弓弦，而近心端接笋于弓身，且侧削一面黏合住牛角。

如前所言，制弓的过程首自弓身（竹、木部分）开始，弓身两端弯曲的部分称“脑”，为竹木与弓弰连接的部分。竹木、脑、弰三部分制成后，加以整理、修正，于第二年秋将其联接。

第三年夏天联接牛角。冬天在牛角的反面黏接牛筋。这和牛角一样，增强弓身的弹力。牛筋取自牛的脊梁，每条牛可取出约三十两重，晒干后再浸于水中析分开为丝状，北方游牧民族拿来做弓弦，汉族则用之以加强弓的弹力。弓身在未黏筋以前先火焙、刀削，加以充分的矫正，然后在冬季夜间接牛筋。

接合各种材料须用胶，胶以鱼脬杂肠煎制成。

初步完成之后，安放在室中高处，地面生火使其内含液体蒸发，需时半个月到两个月。干燥之后，再取下加以磨光、上胶、上漆。

弓弦采用蚕丝，每条二十余根作骨干，然后用线横缠紧绕，但在三等分处留一段不加缠绕，在不使用弓时可取下弦折成三部分。

在弓弰系弦的地方，用牛皮或柔木钉黏，称为“垫弦”，用以保护弓身；在箭离弦之后，弓弦反拨打击弓身，有垫弦保护可免受损伤。

试弓的力量时，将秤钩挂在弦上，弓身挂重到使弦张满（见图），然后推移秤锤即知。一般有力量的人能拉动一百二十斤的弓，很少人能超过，中等的减十分之二三，再次的只能拉动六十斤。

弓的保存最须防止湿气，将士们烘厨、烘箱，日以继夜地将炭火放置其下。小兵们则将之放在灶上。稍有疏忽，很容易使弓失去弹力。

制箭的材料北方用萑柳、南方用竹、塞外民族用桦木。有用竹三四枝胶着成为一支箭杆之方法，特别称之为“三不齐箭杆”。箭尖之“镞”为铁制，塞外民族制如桃叶枪尖，广南黎人如平面铁铲，汉族则制如三棱锥。

箭飞得快慢、斜直和箭身尾端所胶贴的羽毛有很大的关系。羽毛以雕翅最佳，角鹰次之，鸱鹞又次之。南方少有上述鸟类，有以雁、鹅的羽毛代替。雕羽箭快过鹰、鹞者不少，且飞行较不受风力的影响，塞外民族所做的箭多属此类。而南方所做雁、鹅羽箭，容易过风斜窜，使用起来无法得心应手。这也就是南方所产之箭不如北方的原因。

三、弩

“弩”是用机械方法发射的弓，在中国早已盛行，汉代已有多种弩用为守营的防御武器，有时亦用作战阵上进攻的武器，当时对不知有弩的匈奴打击不小。

弩有准确及省力两大优点，因为其发射为机械的，可以对目标作准确的瞄准及射击，并且张弓时可用身体各部的力量来用力，体弱者亦能使用相当有力的弩。它相对的缺点是张弦扣箭颇费时，因此大队用弩就采用轮流发射的方式；将一队分为三组，一组张弦、一组扣箭、一组发弩，三组配置成前后三列，轮流工作，如此可连续不断地发出多量的箭。

弩可分为大小两型，小的称为小弩或手弩，大的称大弩。小弩供骑兵或步兵个人使用，大弩则装于称弩床的木台上，使其得到更大的弹力发射。明末时大弩的地位已被火炮取代，所以《天工开物》并无记载，宋代盛行的单梢炮、双梢炮等投石机在《天工开物》亦未提到，这也是因为新式大炮取代他们成为远距离射击、破坏的武器。

弩的构造中，横的称“翼”，相当于弓身的部分，直的称“身”，相当于装箭之臂。须坚韧能支持弩的弹力，以枣木之赤红色者为上，棠梨木之赤红者次之。长约二尺，自尖端起三寸三分之处开一孔使弩翼嵌于此孔。弩翼须富弹性，以竹最佳。如此弩翼与弩身的配合可使强度达二百四十斤。

弦以苎麻为材料，重七八钱，长度较弩翼长七八寸，以系于两端。中央扣箭的部分，以鹳或鹅羽毛之管剖开、将内部削空、浸水软化后卷于弦上长约二寸，最后将弦涂上黄蜡。

弩箭以竹为杆，有用现成的圆竹、有用竹片削圆为之。箭羽有用金竹、桂竹叶，以麻线系上，也有用鸟羽胶黏者。有时箭镞以“草乌”熬成的浓胶毒药蘸染，射杀猛兽可使见血即亡。

明代用为武器之弩，《天工开物》载有“克敌弩”及“神臂弩”。神臂弩出现于宋朝，宋朝著名的科学典籍——沈括的《梦溪笔谈》即有记载，当时称之为“神臂弓”，但它的构造、威力都与弩相同，须用弓与弩中间程度的力量使它开张。克敌弩可同时发射二矢或三矢，必须用绞车来张开弦。

另有“诸葛弩”可连发十矢（见图），它发射的矢威力甚小，仅可达二十余步，一般民家，作为防盗用。《天工开物》最后记载的“窝弩”是一种狩猎用的陷阱，放在野兽出没之处，兽类触动绊索则自动射出，一次仅能射中一兽而已。

四、火药的发明和应用

火药，顾名思义就是能发火的药，在现在的世界里不论开山、筑路、采矿、制造枪炮弹药，都离不开火药。

火药的主要原料是木炭、硝石和硫磺。先民很早就掌握了伐木烧炭的技术，西汉时代，硫磺、硝石都已有了相当数量的采集和应用，当时的《神农本草经》一书把硝石列为上品药、硫磺列为中品药。后来的药生用硝石、硫磺来“治疮癣、杀虫、避湿气、瘟疫”。

把硝石、硫磺、木炭三种物质研成粉末，按照一定的分量混合起来。通常硝石占 75%、硫磺 10%，炭 15% ——就是火药。用火点着或用力敲打，火药就立刻发生化学反应产生大量的气体，气体的体积突然增加到几千倍以上，即产生了强烈的爆炸。

火药是谁发明的？火药发展的历史过程如何？

早在商朝，先民已发展优秀的炼铜技术，后来又推广到炼铁、炼钢。随着历史的脚步，先民累积了丰富的冶炼经验和技术，逐步认识到硫磺的可燃性、硝石具有化金石的功能，不断增进对这些原料性能的了解，为火药的发明奠定了基础。

一千三百年前，唐朝著名的医药学家孙思邈所著的《丹经》里，首次记载了配制火药的方法——“伏硫磺法”。当时的炼丹化学家认为硫磺含有猛毒，着火“易飞”、最难“擒制”，号为药中“将军”；必须经过伏火后，脱去黑褐二色，变成金黄色、朱砂色或雪白色才能用。孙思邈记载的方法，现今用化学式写出来为：

$2KNO_3$（硝石）+ $2S$（硫磺）→ K_2SO_4 + SO_2（气体）+ N_2（气体）能产生火焰和气体。

火药发明以后，很快就应用在生活和生产的各方面，并且用于制造战争使用的火药武器。

最早的火药武器是火箭、火炮和火枪，当时称之为“飞火”。火药发明以前已有火箭和火炮，当时火箭是用容易燃烧的草艾，裹着麻布、油脂、松香等，浇上油、点上火，用弓箭射出去的。这种火箭杀伤力不大，也容易扑灭。用火药制造的火箭，是在箭头上绑一包球状的火药（见图），点燃引线后射出去，威力较猛，也不容易扑灭。最早的炮是用抛石机（见图）抛出的大石球，所以最早写成“砲”字——从石边，也是抛的意思。使用火药的火炮，是用抛石机发射装有火药的火球，不仅抛得远，燃烧爆炸的力量也猛。这种火药制造的简单火箭和火炮最早出现在唐代末年。

11 世纪到 13 世纪，是中国火药和火药武器快速发展的阶段。北宋时期，为了抵抗辽和西夏的侵略，当时的宰相王安石主张备战，发展火药武器，设置“军器监”以管理和制造武器，促进了火药武器的发展。当时在京都开封的兵工厂里即有专门制造火药武器的工厂。公元1083年，为了抵抗西夏侵略兰州，曾一次就领用了二十五万支火箭，当时已有原始型式的炸弹——火球、火蒺藜等，里面所含除了火药外，还有砒霜、沥青、铁蒺藜等，杀伤力不小。由于不断地改进研究，记载火药的配方逐渐复杂，火药武器的种类也多了起来。

《天工开物》中记载：“直击者硝石九硫磺一，爆击者硝石七硫磺三”，虽然没有说明木炭混合的比例，但就硝石硫磺的比例可推知前者为发射用火药，后者为爆炸用火药。明朝时期的《武备志》是军事、武器的百科全书，其中记载火药的配方为“硝一两、磺一钱四分、柳炭一钱八分”，制造时首重细密，将粉末的硝石、硫磺、木炭用水两碗混，以木臼、木杵（不用石臼以避免发火）充分捣碎至半干，再晒干成大如豆粒之块。这种方法就是粒状黑色药的制法，现代亦采用同样过程将原料混合、加水，再碾成分子密着之块。组成比例硝石75%，木炭14%，和现代组成标准相近。《武备志》中另有一方为“硝五斤、磺一斤、茄杆灰一斤”，比例也近似。相信这种组成和制造的方法、形状即是《天工开物》之所谓“直击者”——发射药。

爆炸用火药硝石的比例低至50%左右，不用臼捣而用碾，碾数千次，随碾随滴烧酒，最后成为绿豆大小，制造方法亦与现代相同。如此制成的火药威力甚大，作为爆炸之用。

明代火药的配方及制法开始较着重发射用火药，在此之前火药主为爆炸用。

五、火药武器的发展

《天工开物》载有熟铜铸造的“西洋炮”，铁铸的“红夷炮”“大将军”“二将军”“佛朗机”“三眼铳”“百子连珠炮”等七种炮。其他尚有“地雷”“混江龙”“鸟铳”“万人敌”等。仅有插图者有“神烟炮”“吐焰神球”“神威大炮”“流星炮”“九矢钻心炮”等。

称为大将军、二将军、三将军等之将军炮为前装滑膛式，重量约仅三十公斤，因其过轻发射时后退二三十步，操作颇为不便。

“百子连珠炮”为简单的前装炮，因多数散弹同时射出而得名。散弹一出炮口即行飞散，与现今散弹经射出、炸裂后始飞散者不同，力量当然薄弱很多。

“佛朗机”为西方输入之物，出于法国，15世纪已流行于欧洲。在明武宗正德十二年（1517），到达广东的葡萄牙使船，所装火炮即为佛朗机，这是中国最早见到的佛朗机。此炮为铜制，长达五六尺，腹部膨大，特点是有母铳、子铳之分，母铳即为炮身，子铳相当于药室，充填火药后装入母铳，属于后装型。并且有两个照星（准星）使瞄准准确，有两个炮架调节炮身的上下左右移动。这种后装炮专供水战之用，船的两舷各装五六尊。

这种新式的武器进入中国后立被重视，嘉靖二年曾试制铜质大型佛朗机，长二点八五公尺，重百余斤。七年将重量减为三分之二，制小型佛朗机四千尊，作为防御之用。二十二年造中型佛朗机。二十三年造马匹上使用的小佛朗机一千尊，并在山西三关制铁造的连珠佛朗机。经过改良试验后出现多种制造及配备，有的可载于车上增加其机动性。

“神烟炮”是以狼粪、砒霜、雄黄、姜粉、蓼屑、椒沙、巴油等毒物、刺激物的混合剂填于弹中而发射。

“三眼铳”为小型之筒装于长木柄上，以发射铅弹。

“鸟铳”的制造是以铁三四十斤精炼为七八斤，将之分为三节，每节又分为四块。每块如瓦状，边薄中厚。合两块为一筒，入炉灼热后锻成铁棒形，用紫草黄泥涂接口，将两棒锻成一节，每节以钢锥穿孔。再入炉灼烧将三节锻接，以长钢锥穿孔。后用炉火加热造出“火门”“照星”“照门”“药池”，及附于枪托的突起。铳身制成后，装火药、包上泥土试放三次，若不炸裂就算是可用的。

这种制造方法的缺点是穿孔困难，一日仅能钻一寸，就是熟练的工人也需要一个月才能钻通。并且铳身厚薄不均，增加了炸裂的机会。如此制成的鸟铳重五六斤，其他所需的装备为槊杖一支、火药六斤、三钱重铅弹三百个、皮袋一只、火绳五条。

铳的发射方法如下，先以槊杖除去铳身内的药滓，再自火药罐取出所需的火药装入铳身，以槊杖将火药完全送入药室。次以槊杖送铅弹及少许棉纸到底、压于火药上面。装填完毕后，将导火药充填在开孔于铳身底部的火门，点燃火绳，夹在扳机的龙头部分，扳动枪机，则火经过导火药燃烧到发射药。这种发射方式称为“火绳式”。

《天工开物》尚载有地雷、水中的“混江龙”、防御用的“万人敌”（见图）。地雷又称地雷炸营、炸炮、万弹地雷炮，其外壳为铜、铁、石、陶器等，内装填数斤的火药。为了自远处使所装爆炸药着火，有在连接竹筒中放置导火药以引火的，也有利用钢轮的发火具使导火线着火。

利用钢轮的发火方式是在小箱内装置打火石两个、铁轴一条，两端各嵌钢制的小圆盘，使圆盘能随轴转动，小圆盘与火轴石可相互摩擦，在旁边系导火线，轴上缠绕绳索，索端悬挂重锤作为动力的来源。在箱盖与轴之间有小栓，插入小栓则轴被抬高不能转动，在小栓系上长索延伸于外，若敌人触动此绊索，则小栓掉落、轴及圆盘因重锤下降而急遽旋转，此时由于圆盘与火石摩擦发生火花，导火线借此引发地雷爆炸。

“混江龙”的发火装置为一可伸缩的皮袋，旁附一有盖的导水管，如果盖被船只碰开则水自导水管流入袋中使皮袋膨胀，而触动发火装置，使钢片与火石摩擦发火，引爆火药，此可谓原始的水雷。

六、火药、火药武器的外传和交流

中国人是最早记载火药配方的民族，在公元8—9世纪的时候，以硝石、硫磺、木炭炼制火药的技术传到了阿拉伯、波斯等国家，当时阿拉伯人称硝石为“中国雪”、波斯人称为“中国盐”，但他们只用之以治病、炼金银、制造玻璃。公元13世纪火药本身经由中国和阿拉伯的商人传到阿拉伯各国。

蒙古军队在与南宋作战时，得到了制造火药武器的技术，在13世纪蒙古与阿拉伯人作战时，阿拉伯人也逐渐掌握了制造和使用火药武器的技术，后来欧洲各国从阿拉伯那里学会了制造火药武器和应用火药的技术。

由于中西交通的机会增加，西方的火药技术也反过来刺激中国火药技术的发展，明代重视发射性火药及仿造佛朗机，就是这种中西文化交流的结果。

端箭
試弓定力
連發弩
上櫃函十矢
一孔出箭

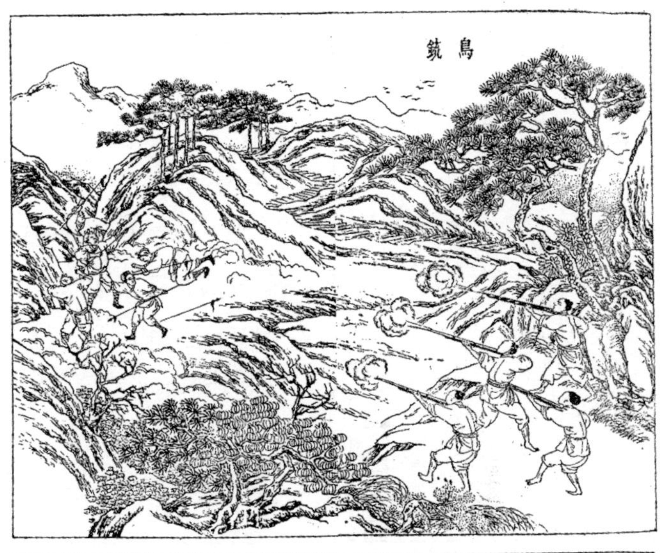
鳥銃

萬人敵

地雷炸

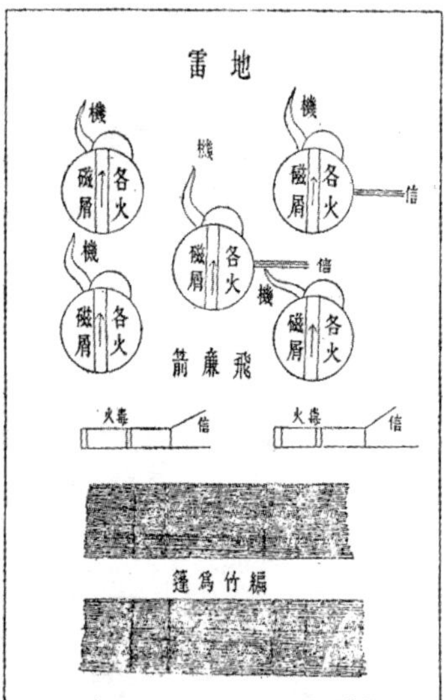
地雷
機
磁屑
各火
信
飛廉箭
編竹爲篷

混江龍炸

混江龍
牛脬
火

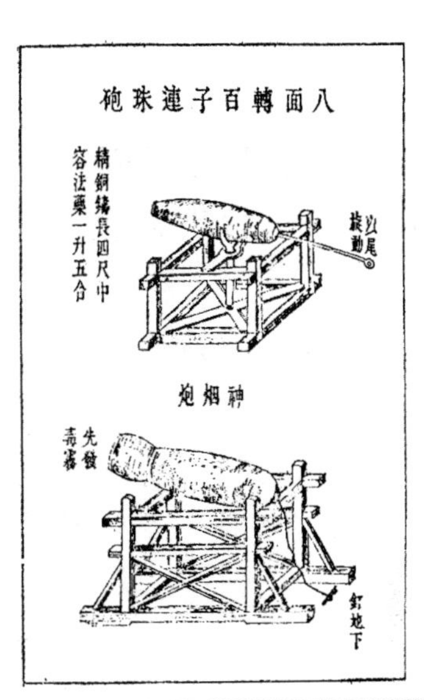
八面轉百子連珠砲
精銅鑄長四尺中容法藥一升五合
以尾旋動
神烟炮
先發毒霧
釘地下

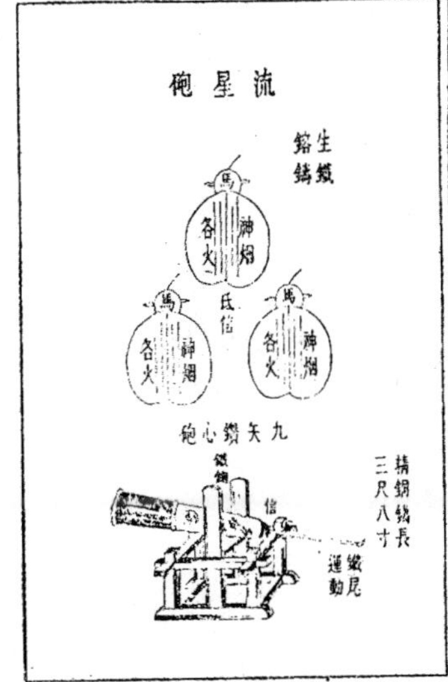
流星砲
生鐵鎔鑄
神烟
各火
馬
氏信
九矢鑽心砲
精銅鑄長三尺八寸
鐵尾運動

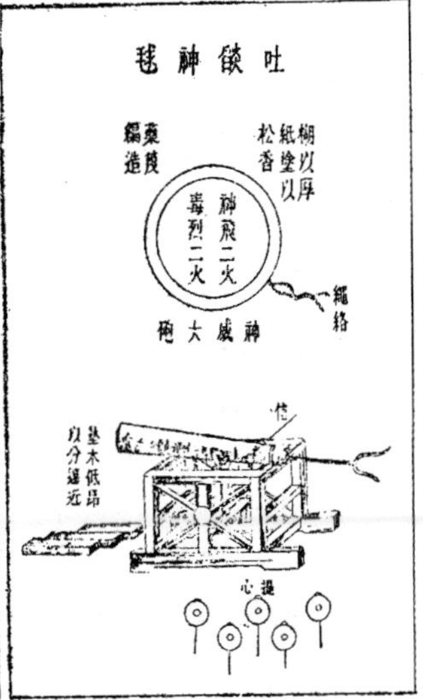
吐䀘神毬
糊以厚紙塗以松香
藥皮編造
神飛二火
毒烈二火
繩絡
神威大砲
墊木低昂以分遠近
信
提心

附录一

思虑与悲悯：
宋应星——合理社会的追寻者

卢建荣

明末清初的中国，出现了几位光辉灿烂的大科学家，诸如宋应星、徐光启、李时珍、徐霞客、方以智、傅山、刘献廷等几位。这种学术思想史上“热闹”的景象并非突如其来的。

由于明朝汉族政权由衰落而崩溃，及至为异族满洲人所取代，遂使知识分子痛切反省学术思想之弊，而几乎一致认为，乃过去盛极一时的理学，误尽天下苍生所致。理学的空疏导致了国破家亡，此一学术命题究系合理与否，是个问题，此处姑置不论。然而，针对空疏理学的反动，便是实学的倡导，亦即一般人所熟知的“经世致用”之学运动的开展。此一时期科学研究的蓬勃发展，不无有暗合此一时代脉动的符节之处。

基本上，中国历史上每次产生新的或是大的问题，便有所谓涉及价值与实用层面问题的争议。譬如：两宋的王霸之争、明中叶是否要再续行海禁之辩，以及降及民初的科玄论战，等等，均为其著者。从某一角度立论，中国思想史便是一部价值与实用此消彼长的历史。而明末清初经世致用之学的播扬，则是意味实用层面的抬头。

实用与价值各有范畴，不可互为取代乃是理论说得过去的事。无如传统知识分子比较不能认清这一点。固然两者之间有其关联性，但其中意蕴为何，中外学界迄今未有人率先针对此一问题，予以理论性说明。本书在此也无法阐释其理。

对于明政权衰败乃至崩溃的原因，此一命题的探究，自清初以来学者所主张的思想因素——所谓王学末流、理学空疏等类似言论——可是蔚为解释的主流。异于此的主张是，归因于社会制度的不健全。最早由此路径举步试探的，是明亡前夕最后的见证人——宋应星。作者认为，这才是宋氏全盘思想的动力所在。以往所有研究宋应星的学者，限于史料的缺失，都从其《天工开物》立论，而怀疑他为何无视当时政治社会之黑暗，但近另有宋氏著作四种：《野议》（政治社会评论）、《谈天》、《论气》（以上两书为其科学理论之作）、《思怜》（诗集）被发现，才解开上述行之有年的迷惑。本文是读毕上述四书，感动之余而作，并借用他诗集的书名：《思怜》，当作题目；由于国内迄未有人针对新资料从事研究，如有疏陋之处，尚请博雅君子有以教之。

宋应星的想法，逸出传统知识分子主流思想的轨道甚多，甚值注意。他思考模式的大异常规，使其在关怀民瘼上，较诸从前更有“用武之地”。换言之，由于他知识凭借的丰厚，使得关怀才能付诸实践，而不致流于言说口谈，甚至口号。同情是需要知识的推动才有意义，否则空自同情是无济于事的。

如所周知，中国知识分子讲究的是，张载所楬橥的“民胞物与”的襟怀。但究有多少人真正付诸实践？恐怕不无问题，大多数人只是说说而已。关爱的践履，除了涉及道德实践困难之外，另有必须具备专业知识为前提的难处。如此一来，大多数人在讲爱人时，所爱的人只是形同虚幻的、未接触到的抽象的人，而非活生生的、可以接触到的具体的人。爱人此一说辞的用途，对大多数人而言，纯粹是笔之于试卷上、而非实际生活上的；知识分子与广大群众的隔绝于焉形成，其所学只在装点门面之用，像赋诗填词啦、写些不着边际的官样文章啦，等等。学问乃为解决现实问题、乃为服务群众云云，不啻为神话甚或谎言！没有知识支援下的关怀，只是徒然令人益增“爱莫能助”的无能感而已。

宋应星在这方面的认识是非常深刻的。至于他追索实学以济世这一理念的渊源为何呢？作者认为：第一，在经历上，他的仕宦生涯仅止于地方官；第二，在思想方式上，他背离传统“有机式的一元论”（按：借用林师毓生之语，意指纯借思想解决问题的思考模式）。归结起来，便是他从未涉足当时文化中心——不论是江南的或是首都北京的——以故，不受当时文化中心正面或负面习染的影响，其别辟蹊径无乃极其自然之事。以上第一点无庸解释，第二点势必聊赘数语。宋应星于书中，所关心的是当代的现实问题，而非历史的文献问题；因此，他从未浪费心思在一般知识分子注意的焦点上，诸如汉宋学、陆王学、今古文，以及三代究系如何等等的争论。

为了说明的方便，史家有时不能不动用现代观念去解释古人古事，但必须知道的是，这些观念不无牵强之处。这就好像事物的比喻并非事物本身一样。如果我们称呼西方中世纪的达·芬奇是艺术家又是科学家；那么，我们也可顺理成章地叫宋应星为社会学家兼科学家。但是，达·芬奇究竟是艺术家抑科学家的成分重些？如果其答案是可以确定的话，我们不禁也要同样反问宋应星了。据过去一向的研究显示，大家都当宋应星为一位科学家，直到20世纪70年代发现他另有四种著作，才晓得他不仅关心实用科学，也关心政治社会。至此，我们虽然可以确定地说，他是一位社会学家，也是一位科学家。但两者之间关系如何呢？何兆武先生的看法是，宋氏对政治社会的看法是附属于他科学思想之下的。换言之，若借用前述今天的职业分类观念，则何先生的看法是，宋氏基本上是一位科学家，而略带一点社会学家的味道。而与作者的看法正好相反，我认为，他基本上是一位社会学家，科学家乃是他作为一株社会学家大树的分枝。

宋应星注意到当时无人认为有问题的两个社会问题：一是社会荣誉的伪造，一是社会阶级之间的矛盾。先说前者，那就是帽子与名片的问题。在今天我们要戴什么帽子，没有人会干涉——有位女歌星每唱首新歌便换一型帽子——换了古代就不成了。在古代，帽子与衣服一样，是文明的标志——所谓“衣冠文明”者是也——是辨别社会身份与地位的记号；通过科举而入仕的公务员戴的帽子，更是代表无限的荣耀，乃是丝毫不能随便“张冠李戴”的。“曾几何时”宋应星如此概叹说，最没资格戴官帽的人，从小孩以至各种工人、无业游民，甚至妇女，竟全戴上官帽，就别说一般民众了。这么一来，帽子的重大社会、文化意义受创至巨。于此，宋应星痛心的是，社会荣誉的可以自行颁赠或接受，便是意味着，社会上已无所谓社会荣誉可言。

与帽子略有同样意义的名片，也成了大家竞相假充才学、身份的最佳场所。本来有功名的人才许有名片的，如今无功名的人也备有名片不说，而且大家都在名片中名字的大小上比苗头（按：今天我们则在比头衔大小或多少）。宋应星看到这种现象，极不以为然地说：“学问未大，功业未大，而只以名姓自大，亦人心不古之一端也。”他这番话寓有两层意思：第一，社会上较有价值的是学问和功业；第二，名片的拥有与否以及名片名字的大小，要符合自己身份。

对于社会阶级之间的矛盾，宋应星在提到河东一带（今山西西南部）的社会情状时，这样描述：当地平民受到官僚世家“公卿世宦”以及大资本家的“盐粟巨商”，这两种社会上既得利益阶级的欺压，怨恨和气愤之情逐年上涨，等到一旦社会发生动乱，便也相率从乱。而地方首长却是予社会动乱“火上加油”的帮凶，请看宋应星的忠实披露：“乱萌之起也，则守令畏显绅如厉鬼，而宁以草菅视子民。”

就宋应星看来，社会各阶层之间存在着安危和荣辱与共的密切关系，往往“牵一发而动全身”。地方上的官僚或是资本家的家庭要是自顾阶级利益，而尽力搜刮贫民以自肥的话，必定逼迫贫民为了生存而采取敌对的暴力行动，最后两方面不免“玉石俱焚”。根据宋应星这个意思，反过来便是，既得利益想要长保利益的话，就要放弃阶级利益，而把目光放在整体社会利益上；亦即以扶助代替剥削贫苦大众，使与共存，才有社会地位、身份等荣耀可言。宋应星这番认识，不管是依据人道，或是以既得利益阶级代言人自居，都是甚具卓见的。

如此一来，宋应星便很注意社会各阶层之间财富的失去平衡；换言之，他不希望社会财富一方偏枯、一方集中的不平衡发展。由于他的着眼点是全社会利益，所以他才会看出，社会某阶层的破产不单是该阶层的苦难，而是整个社会陷于苦难的先声。

宋应星指出，身为生产者的穷人，受不了身为消费者的富人的高利贷的盘剥，以致“从乱如归”；相对地，富人凭借高利贷而可不劳而获，实在不公平之至，更别说任由养成懒惰的恶习。高利贷还不过，是使穷人变成社会动乱人力资源之一而已，另有一个人力资源是家道中落的官宦之后，以及靠资金周转的商人。富人把钱借给这两种需要的人，克期取息索本；结果，届时不但利息讨不到，甚至血本无归。这些官宦之后与行商坐贾求人无门，不容于这个法律世界，只好投身另一个无法世界。

宋应星悲痛地谴责，除了社会上的富人在制造社会动乱之外，政府在这方面也不遗余力。政府的大肆捉拿走私盐贩，即是一例：“浙中责令盐兵每年每月限捉获私盐若干，此非教民为盗耶？”逼迫里长催粮，结果一里中因五分之一的官僚与准官僚家庭拒缴，便反过来加重摊派到其余五分之四的平民家庭头上，有人缴不出，里长与平民便受到官府的严刑拷打，最后被迫相偕逃入贼中，也是一例。官府查缉盗匪无端牵连无辜，只有徒然逼良为盗，又是一例。

再者，科举的不公平，有权势的士绅阶层运用自身的影响力，或收人红包而设法安排其子弟入学，或庇护自己子弟通过考关，这种作弊之徒占了科举的名额，遂造成反淘汰；那些勤学的贫士在屡试不第之下，不得不附从叛乱当上流匪，或投靠异族变成汉奸。

这些贫士在失意之余，任意参与反政府的行列，情有得说；说不过去的是，甫一得意，却反过来逼迫投靠他的人“从乱如流”。于此，宋应星分析道，统治阶层纵其仆役剥削平民，在全国人口占绝大多数的穷人纷纷破产之后，便把剥削的矛头转向中等稍富之家，非把人弄得举家出走不可。这些人便只好投奔甫得第、想来尚未沾染官场恶习的贫士（其实算是官场新血了），哪知道这种贫士的意识形态与行为态度，一如老官僚的穷凶恶极，遂无从选择地被迫走上最后一条路：附从叛乱。

不论是社会荣誉的解体，或是社会阶级矛盾的尖锐化，乃至社会动乱，对宋应星而言，科举制度实难辞其咎。科举在当时社会的重要性，端在作为唯一一个社会阶级升降所系的安全瓣。而宋应星对科举评论的文字之多，足见此为其社会思想重心所在。

传统中国，在官僚的选拔上，究其实质可以粗疏地归纳成，关系取向与成就取向这两种形态。两汉察举和魏晋南北朝的九品中正属于前者，唐至清的科举则属后者。科举就其制度精神所提供的公平竞争机会而言，这制度是相当不错的，它的毛病出在考试的方式，考试教材全是一些无用的，甚或说是死的知识，这样的知识是无法满足官僚成员所需的能力的培养。

到了宋应星时代，就宋氏看来，来自科举的官员照例全是一批无法应付时变的无能、无知、无德之辈。宋氏指出科举出身的官员，不论是守不住自己的辖区，或是遇到强盗束手无策，都是无能的表示。论其无知，譬如在讨论屯田之事时，竟不知实地勘察，徒然一味在书本上引证古人说辞；又如当时的军事统帅别说缺乏军事专业知识，就连一般常识也付诸阙如；宋氏一一使用“何其愚也！”“世可谓无人也！”“昏愚至此，可胜叹息哉！”之类的话，以宣泄其对无知的愤恨。当时地方残破，亟需守令领导，然而尽管吏部一再督促，依然借故牵延不敢赴任，宋应星说：“以寇乱之时，而州县之缺不补者，三百有余。”这种官僚为了怕死，而将职责置之脑后，不顾人民死活之举，非无德而何！这些科举中人到底在忙什么呢？请看宋应星的描绘：“即令四海之内，破伤如是，而小康之方，父望其子，师勉其弟者，只有纂集时文，逢迎棘院，思一得当之为快。”这是说这批人无视时代危机，只知编考试用书和升官发财。

以上讲的是科举积弊遭逢危机时代，益暴露其既有的缺陷。然而原先的优点——公平——至此也不存在矣，变成不公平，这是指大开方便之门，给那些特权阶级。

宋应星说："今天下缙绅举子，不能勤生俭用以自竖立，而以荐进名字为无伤之事。不知逼能文之贫士而为渠魁寇盗，朘无识之富室而为负债窭人，皆由于此。此治乱大关系，而人特不觉耳。"这是说士绅阶级子弟不凭真本事，而靠关系，走后门跻身官场，以为没什么大不了的关系，殊不知却一则造成反淘汰，逼得有本事的穷书生沦为盗贼头目，一则造成不识字的富家变成负债穷人。

宋应星又提到，有人拿红包到京城购得官职，然后回家"纱帽罗衣，抗礼县庭，以为荣耀之极"。接下去，宋应星有段评论文字，关系其核心思想至巨，故录之于下：

> 无主见者，视田园为无用低下之物，日夜心痒，思聚金而走国门。此又人心不古，而引人穷困归乱之一端也。嗟夫！人心定而职分安，职分安而风俗变，风俗变而乱萌息。是操何道以胜之？尺幅之间，焉能绘其什一哉！

引文最后一句话说，限于篇幅无法说清其理。以下本文就试着阐述其理。

一般而言，社会的合理与否，决定于有操守、有才学的人，是否应当获得社会相当的报酬。就宋应星的时代而言，这一“相当的报酬”便是通过科举考试，而获得崇高的政治社会地位以服务社会。这种得第当官的社会制度成了当时唯一的高价值之后，再加上有可以不正当手段获得的漏洞，遂使社会各色人等群趋此途，连代表其身份与地位的符志：官帽和名片，都竞相拥有。这是一个十足价值一元化的社会。解决价值一元化社会之弊，最有效的办法，便是变价值一元化的社会为价值多元化的社会。今天我们的社会就是一个逐渐价值多元化起来的社会。但是宋应星没有我们今天这种观念和配合的环境，他是站在一个价值一元化社会的前提下求改革的。因此，他主张唯有社会上少数才德兼备的人，尽量通过科举的窄门，其余的人均安于所处，不得随意逾越；想要如此就非得科举秉有效运作不为功了，这样才能根本戢止社会动乱。事实上，清朝社会的实际运作，就是由于暗合宋氏这种想法，才得以维持了一百多年相当程度的和谐，直到太平天国兴起为止的。

所以，有人责备宋应星是封建体制的坚持者，是了解他也是误解他！

——初稿于 1981 年 4 月 27 日夜

——再稿于 1981 年 4 月 29 日晨

附记：如果没有刘石吉和陈胜崑两兄的提供资料，本文无由完成，谨此深致谢忱。再者，本文全根据宋应星《野议》一书立论的。

附录二　野议

野议序

春将暮矣，游憩钤山。令长曹先生挈清酒、负诗囊，为寻松影鹂声，以永今日，不愿他闻来混耳目也。乃枧沥数行，而送邸报者至，则见有立谈而得美官者，此千秋遇合奇事也。取其奏议一再读之，命词立意，亦自磊落可人。惜其所闻未尊，游地不广，无限针肓灸腠，拯溺救焚，急著浑然未彰，空负圣明虚心采择之意，识者有遗恨焉。

令长啸谈间，愿闻寡识。散归泠署，炊灯具草，继以诘朝，胡成万言，名之曰《野议》。夫朝议已无欲讷之人，而野复有议，如世道何？虽然，从野而议者无恶，于朝议何伤也。人生胆力颜面，赋定洪钧。尝思欲伏阙前，上痛哭之书，而无其胆；欲参当道，陈忧天之说，而无其颜。则斯议也。亦以灯窗始之，闾巷终之而已。

东汉仲、崔两君子所为《昌言》《政论》，亦野议也，然诵读之余，法脉宛见毫端。今时事孔棘，岂暇计文章工拙之候哉，故有议而无文，罪我者其原之！时崇祯丙子暮春下弦日，分宜教谕宋应星书于学署。

世运议

语曰："治极思乱，乱极思治。"此天地乘除之数也。自有书契以来，车书一统，治平垂三百载而无间者，商家而后，于斯为盛。议者有暑中寒至之惧焉，不知今已乱极思治之时也。西北寇患，延燎中原，其仅存城郭，而乡村镇市尽付炬烬者，不知其几。生民今日死于寇，明日死于兵，或已耕而田荒于避难，或已种而苗槁于愆阳，家室流离，沟壑相枕者，又不知其几？城郭已陷而复存，经焚而复构者，又不知其几？

幸生东南半壁天下者，即苟延岁月，而官愁眉于上，民蹙额于下，盗贼旁午，水旱交伤，岂复有隆、万余意哉！此政乱极思治之时，天下事犹可为，毋以乘除之数自沮惑也。

进身议

从古取士进身之法，势重则反，时久必更。两汉方正贤良，魏、晋九品中正，唐、宋博学弘词、明经、诗赋诸科，最久者年百而止矣。垂三百年，归重科举一途而不变者，则惟我朝。非其法之至善，何以及此！

圣主见州邑之间，攻城城破，掠民民残，钱粮则终日开复报完，而司农仰屋如故；盗贼则终日报功叙赏，而羽书驰地更猖。凡属制科中人，循资择望而建节者，偾坏封疆，纷纷见于前事。保举一法，欲复里选之旧，以济时艰，岂得已哉！然荐人之人，与人所荐之人，声应气求，仍在八股文章之内，岂出他途？且残破地方，待守令之至，如拯溺救焚。而荐举中人，必待部咨促之，抚按劝驾，而后就道，铨部核试，而后授官，动淹岁月，事岂有济？以寇乱之时，而州县之缺不补者，三百有余。此铨政之坏，于人才何与也？

人情谁不愿富贵，然先忧后乐，滋味乃长。隆、万重熙而后，读书应举者，竟不知作官为何本领。第以位跻槐棘，阶荣祖父，荫及儿孙，身后祀名宦、入乡贤，墓志文章夸扬于后世。至奴虏蠢动，水蔺狂凶，方始知建节之荣，原具杀身之祸。即今四海之内，破伤如是，而小康之方，父望其子、师勉其弟者，只有纂集时文，逢迎棘院，思一得当之为快。至于得科联第之后，官职遇寇逢艰，作何策应，何尝梦想及之！且得第之人，业已两受隆恩，不奋志请缨，迁延观望，有怀时平而仕之想，思以残危之地，付之荐举中人，与乡贡之言弱者，国家亦何借有制科为！司铨法者，一破情面，大公至正，掣签而授之，即暂受愤怨，而制科增光，实自此始矣。

至兼通骑射法，在所必不行。驰捷挽强，自是行伍中事，文士百十中，即选得一能者，亦何济于事！先年辽、广两经略，一以善射名，一以善骑名，非已然之验哉？颜真卿在唐，虞允文在宋，彼知骑射为何物？方张强虏，直樽俎谈笑而摧之。由今况昔，何胜慨叹哉！

民财议

普天之下，“民穷财尽”四字，蹙额转相告语。夫财者，天生地宜，而人功运旋而出者也。天下未尝生，乃言之，其谓九边为中国之壑，而奴虏又为九边之壑，此指白金一物而言耳。

财之为言，乃通指百货，非专言阿堵也。今天下何尝少白金哉！所少者，田之五谷、山林之木，墙下之桑、洿池之鱼耳。有饶数物者于此，白镪黄金可以疾呼而至，腰缠箧盛而来贸者，必相踵也。今天下生齿所聚者，惟三吴、八闽，则人浮于土，土无旷荒。其他经行日中，弥望二三十里，而无寸木之阴可以休息者，举目皆是。生人有不困，流寇有不炽者？所以至此者，蚩蚩之民何罪焉！

凡愚民之所视效者，官有严令而遵之。世家大族、显贵闻人，有至教唱率而听从之。百年以来，守令视其□□为传舍，全副精神尽在馈送邀誉，调繁内转。迩来军兴急迫之秋，又分其精神，大半拮据，催征参罚，以便考成。知畎亩山林之间，穷檐蔀屋之下，为何如景象者！富贵闻人，全副精神只在延师教子，联绵科第，美宫室，饰厨传；家人子弟，出其称贷母钱，剥削耕耘蚕织之辈，新谷新丝，簿账先期而入橐，遑恤其他。用是，蚩蚩之民，目见勤苦耕桑，而饥寒不免，以为此无益之事也。择业无可为生，始见寇而思归之。从此天下财源，遂至于萧索之尽；而天下寇盗，遂至于繁衍之极矣。

说者曰："富家借贷不行，遂民无取食焉。"夫天赋生人手足，心计糊口，千方有余，称贷无路，则功劳奋激而出。因有称贷助成慵懒，甚至左手贷来，右手沽酒市肉，而饘糜且无望焉。即令田亩有收，绩蚕有绪，既有称贷重息，转眄入富家；铚镰筐箔未藏，室中业已悬罄。积压两载，势必子母皆不能偿，富者始闭其称贷而绝交焉。其时计无复之，有不从乱如归也？夫子母称贷，朘削酿乱如此，而当世建言之人，无片语及之者何也？盖凡力可建言之人，其家未必免此举也。材木不加于山，鱼盐蜃蛤不加于水，五谷不加于田畴，而终日割削右舍左邻以肥己，兵火之至，今而得反之，尚何言哉！

士气议

国家扶危定倾，皆借士气。其气盛与衰弱，或运会之所为耶？

气之盛也，刀锯鼎镬不畏者，有人焉；其衰也，闻廷杖而股栗矣。气之盛也，万死投荒，怡然就道者，有人焉；其衰也，三径就闲，黯然色沮矣。气之盛也，朝进阶为公卿，暮削籍为田舍，而幽忧不形于色者，有人焉；其衰也，台省京堂，外转方面，无端愠恨矣。气之盛也，松菊在念，即郎衔数载，慨然挂冠者，有人焉；其衰也，即崇阶已及，髦期已届，军兴烦苦，指摘交加，尚且靡之不去，而直待贬章之下矣。气之盛也，班行考选，雍容让德，有人焉；其衰也，相讲相嚷，贿赂成风，甚至下石倾陷同人而夺之矣。气之盛也，庭参投刺，抗志而争者，有人焉；其衰也，屈己尊呼，非统非属，而长跪请事，无所不至矣。气之盛也，布衣适体，脱粟饭宾，而清操自砺者，有人焉；其衰也，服裳不洁，厨传不丰，即醴颜发赭而以为耻矣。气之盛也，一令之疏，一师之败，一节之怠慢欺误，上章自首者，有人焉；其衰也，掩败为功，侈幸存为大捷，而徼幸胧胧之不暇矣。气之盛也，领郡之邑，艰危不避者，有人焉；其衰也，择缺而儿，祝神央分，遍挚重债，贿赂滋彰，既欲其靖，又欲其獯，然后快于心矣。气之盛也，番兵虏骑攻城掠野，宰官激洒忠义，冒矢撄锋而成功者，有人焉；其衰也，疲弱亡命，斩木揭竿，谍报邻寇入疆，而当食不知口处，妻子为虏而不能保者，不一而足矣。

夫气之衰者，上以功令作之，下以学问充之，兄勉其弟，妻勉其夫，朋友交相勖，可返而至于盛。不然，长此安穷也？

屯田议

时事兵苦无饷，议屯田者何其纷纷也！夫屯田何为乎？求其生谷以省飞挽之劳耳。以至粗之事而求之精，以至易之事而求之难，以至简之事而求之猥琐，世可谓无人也。

今天下剥腹之患，寇在中而虏在外，议屯田以制虏则似矣。至有议平流寇而并策屯田者，可姗笑也。流寇朔在千里之东，望在千里之西，飘忽无定，即有许下之粟，焉能赢粮而从之？

若夫制虏之策，最先屯田。今之议者，先议清屯。夫北方自云中抵山海，东方自成山抵蓬莱，荒闲生谷之地，广者百里，促者十里，弥望而是。近年又增以兵过之地，室庐墟而田亩芜者，间亦有之。即亿万牛耜，垦之不尽，必区区求百年以前经历数主影占形改之田，而始议耕，何其愚也！

次议牛种，夫给种则似矣，议牛何为者？凡责成一卒之身，上食九人，中食八人，则牛诚不可少。若一卒之身，只望其醉饱一人，充饲一马，则一锄足矣。昔年枢辅在关外给牛数万，兵士日夕椎以酾酒，而日以病死报，岂知冶铁为锄为不病不死之牛乎？天下事上作而下从，贵行而贱效，是必为督镇者，躬行三公九推之法；为偏裨者，不耻从官负薪之劳。一卒之身，画地五亩而界之。一区五十亩，则十人共垦其中；一区五百亩，则百人共垦其中。宛然井田，友相助之意。先访习知土宜与谷性者，授衔百户，分队立为田畯之长。五亩皆稻耶，得米必十石；五亩皆麦耶，得面必千斤；五亩皆黍稷耶，得小米亦如米之数；五亩皆菽耶，得豆粒亦敌面之值。其室庐之侧，陇塍之上，遍繁瓜蔬，寸隙荒闲，并治不毛之罪，此法一行，岂忧枵腹？

盖计五亩功力：使锄开荒，以二十日；播种以二日；粪溉以十日；耨草以十日；收获燥干以十日。一年之内只费五十二日以足食，其余三百一十余日，尚可超距投石，命中并枪。每逢播种之初，成熟之日，督镇亲巡而验之，其获多而苗秀者，犒以牛酒；其草茂而实劣者，罚以蒲鞭。行见半载之间，不惟囷瓮之盈，而且神气亦壮，士有不饱而马有不腾者？此至易之事，而舌干唇敝二十年于此，世可谓无人也。

催科议

自军兴议饷，搜括与加派两者，并时而兴。司农之策，止于此矣；节钺之计，亦止于此矣。已经寇乱之方，乱不可弭；未经寇乱之方，日促之乱。

夫使倍赋而得法，民犹可堪。今赋增而法愈乱，纳广而欠转多。上有告示下行，山民未见影形，而已藏于高阁；下有解批投上，岳牧甫经目睫，而即擢抵旧逋。夫小民即贫甚。但使头绪不分，昔日编银一两者，今编一两五六钱，昔日派米一石者，今派一石二三斗，并入一册之中，追完共解，藩司分款而支应之。倘雨旸不愆，竭脂勉力，犹可应也。乃今日功令不然，逐件分款而造。牙役承行，最利其分款而追，则点卯、润笔常规，可逐项而掠取也。于是一里长之身，甲日条鞭，乙日饷辽，丙日蓟饷，丁日流饷，戊日陵工，己日王田，庚日兑米，辛日海米，壬日南米，癸日相逢甲乙日，去年、前年、先前年旧欠，追呼又纷起。一年之中，强半在城；一家之中，强半受楚。津口城门，往来如织，光景及此，有不从乱如归者哉！

凡身充里长，必非膏腴坐享之人，皆食力耕作之人也。杖疮呼痛，狱厉沾身，即暂息室庐，亦呻吟卧起。麦佳禾秀，何处得来？一里长之身，有应管不多，如辽饷、流饷之类，有其数止于十两，而每限捱监点卯，遂用去一两，历点十卯，已用十两，而其数仍全欠十两者；所收散户，今日几分，明日几钱，因称贷无门，皆扯为用费；又或缺少前甲里长纳数，及此消擢。此郑侠图中描画不尽者。不惟小民扯为浪费，而已自朝廷，狱及方伯。上司火票频流，承舍捧来，势同缇骑。区区馈送百金，不满溪壑之望。令长任从该管书吏敛贿求宽，甚且掩耳助其不足。此金不自书吏家产，锱铢取之百姓钱粮之中。一度百金，十度千金，泥沙何处诘问？又不惟书吏扯为浪费而已。为令长者，清人则橐内必肘捉而衿见，墨人则身责必侈用而广偿。军兴，派来动辄大邑三百，小邑二百，而税契间架攉提，中官王府骚扰又日新而月盛。茧丝无术，鸡肋难弃，既惧鼎器之轻投，又恐迟吝之贾罪，挪借现在钱粮，以解燃睫之火，何日何项，以作补还。且压欠之多，总由天启初年，有司急欲行取，尽挪次年、今年之数，以足前年、先前年之额，相承十六七年。累官累民，病痛尽由于此。

因挪移考满而升召者，大者棘槐，小者□面。其人已多，故此语秘不告之至尊。不知治乱大关系，皆因此事之蒙蔽。缙绅忌伤同类，自同寒蝉，宜也；乃席藁舆榇而蔬入九阍者，竟无一言及此，可胜叹惜哉，使此言达于天听，势必云霄洒涕，嗟我小民，将旧欠追呼，一概停止。惟从今日伊始，金华辽饷、流饷分文不完者，治以重罪。究竟所得之数，视终日箠楚旧欠，而所得无几何者反过之，何也？膏血止有此数，而舍旧追新，人情有乐输之愿也。

至北方种麦，以五月为麦上，六月开征，犹曰麦已登场圃。南方皆稻国，立秋收获者十之四，而霜降、立冬收获者十之六。今方春二月，新谷尚未播种，而严征已起者纷纷矣。天运人事，一至此极耶！

军饷议

军兴措饷，其策有五：因敌取粮，为上上策；酌发内帑，节省无益上供，修明盐、铁、茶、矾，为中上策；暗行加派，事平即止，搜括州邑无碍钱粮，增益税关货钞，为中策；搜括之外，又行搜括，裁官裁役，而后再四议裁，为中下策；加派一不足而二，二不足而三，算及间架、舟车，强报实官纳粟，为下下策。

夫因敌为粮，以议于制奴虏，则诚难矣；若流寇乌合之众，其勇几何？我有良将劲兵，能杀一人，则一人之金，我金也；能克一营，则一营之粟，我粟也。即云兵荒而后，粟不甚多，然其中堆积金钱，取来奚不可易粟者。太祖云："养兵十万，不费民间一粒米。"盖谓此也。若云我兵必不能战，即多方措置，只赍盗以粮，又安用议饷为哉？

内帑之发，诚未易议矣。然十年议节省，谁敢议及上供者，微论仪真酒缸十万口，楚衡岳、浙台严诸郡，黄丝绢解充大内门帘者，动以百万计，诸如此类，不可纪极，解至京师，何常切用？即就江西一省言之，袁郡解粗麻布，内府用醮油充火把，节省一年，万金出矣。信郡解棂纱纸，大内以糊窗格，节省一年，十万金出矣。光禄酒缸，岂一年止供一年之用，而明年遂不可用？黄绢门帘，窗棂糊纸，岂一年即为敝弃，而明年必易新者？圣主辛未张灯，元宵仍用旧灯悬挂，遂省六十余万，此胡不可省之？有川中金扇之类，又可例推矣。

凡物所出，不如所聚。京师聚物之区也，倘以官价千金，市纸糊窗，经年用之不尽，岁费一二十万何为？茶之佳者，价值一斤数钱而止；而外省州邑，解茶一斤入御，所费岂止十两？崇安先春、探春，闽省额费不赀。黄柑、冬笋之类，以此推之。当此之时，无论京师必有之货，不必驿马奔驰，即必无如鲥鱼之类，亦当暂却贡献之秋矣。此司农或不敢言，而有言责者，亦未必将普天贡赋全书一细心研究也。内使靴价，节慎一发，动辄一百三十万。夫京靴之价，每双七钱而止耳，将焉用之？

昔者辽饷增十之二，百姓悬望事平而止。奈天运如此，民亦何辞？无碍钱粮，凡可节者，辛未兜查赋役书，已搜尽矣。宰官从此无润，亦安苦而为之？税关不增，落地商犹未甚困，故数者附之中策。苦乃搜无可搜，括无可括，而功令日以下焉，全省青衿优免，破面刮来，止敌椂纱纸张数匣。一员教官俸禄，尽情裁去，不敷一军匹马刍粮。民快革半，而令长之仪卫已单；驿马抽三，而邮卒之疲癃更甚。免颁历于缙绅，克冬花于乞丐，其与皆能几何而未已也！前者追呼未完，而后者踵至矣。夫邻国兵火之祸如此，即倍赋义当乐输，然此语可为贤者道，难为俗人言。愚民闻诏赦之有捐免也，欢声哄然；及闻所免在崇祯四五年间事也，蹙额而返。民情如此，国计奈何？

从古国家穷困，无如宋室靖康以后。然张浚一视师，宗泽一招抚，动以十万、二十万。年年括马，处处用兵。史册所载，未尝见士马伤饥，而措饷窘之。今天下虽困，然视南宋富强犹数倍焉，奈何窭态酸情，不可使闻于寇虏。不知建炎诸将措饷之法，有可考证而仿求者否？学古有获，肉食者勉之。

练兵议

人类之中，聪明颖悟，生而为士者则有之，未有生而为兵者也。愚顽稚鲁，生而为农者亦有之，亦未有生而为兵与生而为寇者也。兵与寇，其名盖以时起也。一将立，而众卒从之，是名为兵；一魁竖，而众胁从之，是名为寇。遇宗泽、岳飞，则昨日之寇，今日即兵。逢朱泚、姚令言，则辰刻之兵，巳刻即寇。是故用武之道，与衡文绝不相同。文章一途，实有风气集于此方，而彼方风气未开，则即延昌黎为师、眉山作侣，而人才寥落之乡，不能速化为大雅。兵异于是。所需者，抛石射矢之人，轮戈舞槊之人，引火爇炮之人，驰马侦探之人，护持辎重、炊米挫刍、击斗巡搬之人，堪用者击目而是。从来成功名将，何尝招兵越国？矧扰乱之秋，敢建调遣客兵之议乎？凡兵勇怯无定形，强弱无定势，经一阵获数级，则弱者立化而强矣；将军无死绥之心，士卒萌溃逃之想，营已立而令纷，阵未交而先乱，则强者尽成死弱矣。经阵获级，而后朝有重赏，而幕府不吝不克，私获寇盗甲仗金钱，而主将不诘不追，则逗遛逃走之情，尽化而为争先迈往之志矣。

时事至此，总之未尝求将，而扼腕兵不可用。呜呼！浙兵调矣，川兵调矣，狼兵调矣，御营遣矣，秦、晋诸省主兵又不待言，然则必借西戎、北狄之兵而后可用耶？为将之道无他，志在为国，则不惟功成，而身亦富贵；志在贪财好色，则不惟师徒丧，而首领亦岂能全？求将之道无他，精诚在家国与封疆，则奇才异能之人崛起而应之；结习在馈送邀名与报功升爵，则外强中干与性贪才拙之人丛集而应之。连敖坐法，而仰视滕公；秉义将刑，而缘逢忠简。皆精诚之所召致，今古岂相远哉？

今日大将副将，悉从本兵差遣。试问职位何以至此？盖自袭荫初官以至今日，其间卑污手本到部与者，动称“门下走狗”，自固者方称“门下小的”。终年终日，打点苞苴，以金代银，以珠玉代方物。守把以下写帖，兵部书办送礼，细字“沐恩晚生”。劣陋相承，百有余岁。偷息闲功，则歌童舞女、海错山珍，以自娱乐。此等人岂能见敌捐躯，舍死而成功业者？吾人驭兵制虏，全在气概，设有韩、岳诸人，即故园贫困老死，忍以“走狗”自呼哉！夫既以阃外付之经略、督抚，则求将者经略、督抚之事也。且人亦何难知哉！文官庭参讲话之时，有立见其才能警敏与蒙昧，而预料其他日或堪行取或罹降调者。面试将才，即此可以例推也。凡人情小利不贪者，大敌必不怯；身图不便者，趋媚必不工。此何莫非知人之法哉？从来大将多从行伍中出，犹从来师相多从络笔砚穿、草扉青衿应举中出也，至于惟圣知圣，惟贤知贤，即云天之所授，而苟能勿欺勿私，则知人种性自然，天牖之而渐造开明。古人有一旅之败，而即上章自劾者，至今犹有生气，此即勿欺良能而立功之木也。今破残遍天下，而日日掩败为功。夺获达马一匹，斩获首级二颗，箭竿三支，公然上报而不知羞涩汗下。甚则城下牢闭，幸敌不攻，以他邑之破陷相比况，而思叙功。人情及此，欺日甚而私日炽。脸颊日厚，而方寸日昏，岂有拨乱之期哉！

庚午寇炎，初起神木之间，星星之火，此时扑灭，一百夫长之事耳。燎原之日，乃庭推才望，得一人而总督五省，谓将指愿而勘定之。所推总督，不惟兵法不知也，即世法亦一毫不知。陇右惨杀通天，而巧借蜀藩之奏，欲以汉南无恙之功而赎其罪，败形尽见，乃丧辱国之大僇也。而且投揭长安，辨明商人诬枉，放饭流啜，而问无齿决。昏愚至此，可胜叹息哉！

嗟夫！用兵何常之有？守城之兵，妇人孺子可与焉，他无论矣。出战之兵，一村之内，必有勇过百人者；一邑之中，必有智过千人者。遇合招揽，总在一将之身。昔者张宪、牛皋不逢武穆，一庸人之有膂力者耳；扈再兴、孟宗政不遇赵方，一土豪之能自立者耳。倘今经略、督抚，日厪栋焚剥肤于怀，不染功名富贵之想，血诚达于上帝，格言誓于军前，而草泽英雄不起而之应者，岂气声感召之理哉！

若客兵之议，使其统领无节制，则未出境而已化为贼矣。登州去吴桥行程几何？此已然之覆辙也。平奴议足十八万，而激成重庆之乱；勤王西兵赴阙，而酿成今日遍地之残，从此犹不知戒。即令安行而至，无济无及，矧未至而蠢然思变者不一而足哉！痛哭长言，话从何处起止，有心国计，刍荛之言，圣人择焉，则幸矣！

学政议

国家建官，大至于秉轴统均，平章军国，小至于宰邑百里，司铎黉宫，皆从一途出，学政顾不重哉！

国初大乱之后，人民稀少，州邑青衿，数目多者不过百人，设立教官，得熟识而勤课之。今则郡邑大者已溢二千人矣。大郡大邑，教官识面者不及十之一，小者不及三四分之一。勤惰、贤不肖何由稽焉？即能稽，而教官之权业已轻甚。欲议一不肖，而县可沮格，府可平翻，其他无论已。所恃学使者，至优劣间一行，虽然行亦何所惩创哉？劣而阘冗者，举一二以塞责；劣而强梁者，不惟门役惴焉有报复之惧，即眇尔广文亦远祸而姑置之矣；劣而素封者，举一二以塞责；劣而父兄缙绅、亲戚要路者，不惟教职惴然幸一衔之留，即郡邑之长，亦权衡时势而姑置之矣。

自有军兴以来，乡人惧报富丁马户，又惧缙绅兼并，为子弟计，不惜倾倒赀囊，典卖田产，营分买入庠中。而十余年来，人情大变，乡绅居官居家，以荐人入学为致富足用真正径路，金饱者取来心欢，铜臭者绝无汗下。势要乡绅子弟，儿齿未毁，而襕衫业已荣身。呜呼！古道古风势已矣。群习读书之乡，有文章极其佳熟，而再三应考不得一府县名字为进身之阶，流落求馆。计无复之，则窜入流寇之中，为王为佐；呈身夷狄之主，为谍为官，不其实繁有徒哉？

试就今日青衿而概数之，百人之中，贯通经书旨趣成文可观者，十人而止；未成而可造者，又十人而止；而书旨、文字一隙不通者，百人之中，不下三十人。倘沙汰数苛，则繁言必起，一番黜数，不过百分之一，生人何所惩戒而不倾赀买入耶？岁考文书一至，有渴望丁忧而不得者，有假捏丁忧而避考者，夫丁忧服官，谓不便衣锦临民耳，丁忧作文字，何相妨碍？此法一变，则足以消人不孝之私，而增上以去赝之政，何难行也？至学使者通情容隐之弊，亦风会所为，上禁愈严，下营日甚。槐棘衙门，不惜降为置书邮，矧其下哉！我生之初，山乡朴实，居民有子弟业已成章应考，而冠同庶人，直待入泮而后易者。城邑之内，世宦之家，有童冠自异于秀冠，而不裒然角竖者。曾几何时，而总角突弁，儒童高官，概无分别也。欲返天下醇风，则在铁面学使者何法以谢请托。百姓见不慧子弟，空费重赀，而莫冀进身，而转眄岁考，辱荣立判，乃始返思务本。从此百室盈，而王道之始成矣。

至有力童生，传文营分而横占府名，黄堂可严复试，宪署可罪父兄。行法美而严，一行而百效，齐唱而鲁随，则不通子弟请客与曳白者，不敢躁进，而贫士方无沦落之嗟。今天下缙绅举子，不能勤生俭用以自竖立，而以荐进名字为无伤之事。不知逼能文贫士而为渠魁寇盗，朘无识之富室而为负债窭人，皆由于此。此治乱大关系，而人特不觉耳。

盐政议

食盐，生人所必需，国家大利存焉。政败于敝生，商贫于政乱。夫人情之趋利也，走死地如骛。使行盐有利，谁不竭蹷而趋？夫何同一为商也，昔年积玉堆金，今日倾囊负债，盖至商贫而盐政不可为矣。

国家盐课，淮居其半，而长芦、解池、两浙、川井、广池、福海共居其半。长芦以下虽增课，犹可支吾，而淮则窘坏实甚。淮课初额九十三万，而今增至一百五十万。使以成、弘之政，隆、万之商，值此增课之日，应之优然有余也。

商之有本者，大抵属秦、晋与徽郡三方之人。万历盛时，资本在广陵者不啻三千万两，每年子息可生九百万两。只以百万输帑，而以三百万充无端妄费，元私具足，波及僧、道、丐、佣、桥梁、梵宇，尚余五百万。各商肥家润身，使之不尽，而用之不竭，至今可想见其盛也。

商之衰也，则自天启初年。国则珰祸日炽，家则败子日生，地则慕膻之棍徒日集，官则法守日隳，胥役则奸弊日出。为商者困机方动，而增课之令又日下，盗贼之侵又日炽，课不应手，则拘禁家属而比之。至于今日，半成窭人债户。括会资本，不尚五百万，何由生羡而充国计为？尝见条陈私盐者，一防官船，再防漕舫。夫漕舫自二十年来，回空无计，则折板货卖，典衣换米。旗军有谁腰镪余一贯者，迤逦临清道上，买盐一二百斤，量本罄矣。官船家人夹带，一引入仓，万目共见，冠绅一惩而百戒焉，岂复有裂闲射利之人，不绳其仆者哉？

所谓私盐者，乃当官掣过按，淮使者瓜期已满，而尚未之详也。祖制每引重八百斤，多一斤则注割没银一分，多十斤则注一钱、多至四十斤，则割没而外，另拟罪罚。今每引轻者千二百斤，重者千四五百斤。食盐之人，止有此数，而称过关桥，盐数则倍之。关桥一验，仪真再验，皆虚应故事，而牢不可革，积壅不行，弊由此于此矣。万历以前，充役运司者，皆有家之人。夫稍有家私，犹怀保身保妻子之虑，后因课不足，则访拿之法日峻日严，一入运司，则追赃破产，卖妻鬻子以完者，不一而足。自是稍有生活者，视此为死路，而投入其中者，皆赤贫猾手，弃命攫金，诛之不可胜，而究之不可详。弊坏及此，尚可言哉！

盐政变革之秋，有一最简最易法，国帑立充而生民甚便者，长芦以下不具论，第论淮盐。夫计口食盐，一人终岁必盐五十斤，价值贵时五钱而溢，贱时四钱而饶，而场中煎炼资本四分而止，则一口在世，每岁代煮海，生发子息四钱有余。食淮盐者亿万口，则每岁出本四千万两，以酬煮海之费，此非彰明易见者哉？

朝廷将前此烦苛琐碎法，尽情革去，惟于扬州立院分司，逐场官价煎炼，贮于关桥，现存厅内。各省买盐商人，多者千金万金，少者十两二十两，径驾各方舟楫，直扣厅前，甲日兑银，乙日发引，一出瓜、仪闸口，任从所之。一带长江，百道小港，再无讥呵逼扰。各省盐法道、巡盐兵，尽情撤去，大小行商贩盐之便，同贩五谷。此法一行，则四方之人奔趋如鹜。不半载，而丘山之积成矣。区区百五十万，何俗今日议直指，明日摘度支，前月罚巡兵，后月访胥吏，比较商人，拘禁家属，而日有不足之忧哉？使以刘晏得扬州，必镇日见钱流地面。从来成法，未有久而不变者。盐行已千里，入于山僻小县，而销票缴册又有私盐之罚，何为者哉？浙中责令盐兵每年每月限捉获私盐若干，此非教民为盗耶？其题目犹可姗笑。此直截简便通商惠民一捷径大道，世有善理财者，愿与相商略焉。

风俗议

风俗，人心之所为也。人心一趋，可以造成风俗；然风俗既变，亦可以移易人心。是人心风俗，交相环转者也。

大凡承平之世，人心宁处其俭，不愿穷奢；宁安于卑，不求夸大；宁守现积金钱，不博未来显贵；宁以余金收藏于窖内，不求子母广生于世间。今何如哉？有钱者奢侈日甚，而负债穷人，亦思华服盛筵而效之，至称贷无门，轻则思攘，而重则思标矣。

为士者，日思官居清要，而畎亩庶人，日督其稚顽子儒冠儒服，梦想科第，改换门楣，至历试不售，稍裕则钻营入泮，极窘则终身以儒冠飘荡，而结局不可言矣。

吾人是为贫而仕，使其止足在念，即卑官润泽，原可俭用娱老；而昼夜计度，括其所得，多方馈送，营求荐章。不代直指思人满之数，不为国家想功令之严，馈送而外，尽其所有，央托贵绅。使其得也。再任未必有偿还之日；其不得也，则数年心力膏血，付之东流，而归林萧索，不可言矣。缙绅素封之在太平之世也，稍有羡金，必牢藏，为终身与子孙之计。其在今日有钱闲住者，惟恐子息不生，眈眈访问故宦之家，子孙产存而金尽者，与行商坐贾有能而可信者，终朝俵放，以冀子钱，转眄及期，破颜摧并，究竟原本，不知何处出办，何况子钱？在我为本伤心，在彼求人无路，郁怀思乱，谁执其咎？

我生之初，亲见童生未入学者，冠同庶人；归人之夫不为士者，即钱有万金，不戴梁冠于首；缙绅媵妾，冠亦同于庶人之归，以别于嫡。三十年来光景曾几何哉！今则自成童，以至九流艺术，游手山之，角巾无不同，妇人除宦家门内役者，若另居避主而不见，亦戴梁冠，庶人之家，又何论矣！

京官名帖大字，事体原无妨碍。然嘉靖中业已大极，而隆、万复降而小，未必非熙明安盛之兆。长安好事之家，有存留历年名帖者，以相比对，直至天启壬戌方大极，而无以复加。自省垣庶常而上，凑顶止空一字，则壬戌之柬也。外官坚守旧规，其式仍故。然制科为推知者与中行科道一间耳目，见行柬方寸不宁静，未必非大字为之祟。且学问未大，功业未大，而只以名姓自大，亦人心不古之一端也。

纳粟得官，效劳尺寸，归家而有司以礼优待，此固然也。山城远乡，专出白丁、猾手，一副肝肠只为夸吓乡人宗族。入京空走一度，或买虚谍长单，或行顶名飞过海，或贿托前门卖“便览”者刊名于上，使刊京卫、外卫、经历、鸿胪、光禄、序班署丞，归来张盖乘舆，拜谒有司，结交衙役，劝令送程回拜。彼乡人宗族之见至，纱帽罗衣，抗礼县庭，以为荣耀之极。无主见者，视田园为无用低下之物，日夜心痒，思聚金而走国门。此又人心不古，而引人穷困归乱之一端也。嗟夫！人心定而职分安，职分安而风俗变，风俗变而乱萌息。是操何道以胜之？尺幅之间，焉能绘其什一哉！

乱萌议

治乱，天运所为，然必从人事召致。萌有所自起，势有所由成，谁能数若列眉者？

夫寇盗即半天下，其真正杀人不厌，名盗不羞，斩绝性善之根者，百人之中三五人而止。起初犹怀不忍之心，习久染成同恶之俗，并为不善，终不可反者，又二十余人而止。其余胁从莫可如何，中悔无因革面者，尚居十分之七也。

寇起巩、延之间，逃兵倡之，饥民和之，此生秦未入晋之寇也。逃兵饥民，群聚无主，渠魁舞智而君之，从者日众，分立酒色财气四寨，恣饱淫乐。当事敛兵议抚，群盗肆志笑呵。三秦子女玉帛，群盗桑梓之产，有不忍掠尽之意，乃始渡河而东，此入晋之寇也。

晋抚无能，只怨秦盗之祸邻，不思晋兵自堪战。河东州邑，贵如公卿世宦，富如盐粟巨商，锦绣繁华，垂涎远迩。受辖受窘，百姓经年恨怒，乘寇至而思反之，或自起一队，或投入彼中。今日百而明日千，盗日增而民日减。名埋姓没，火与兵连，此晋地初繁之寇也。

秦抚南征川戎，北戍西安，崛起寇盗，促入栈中。朝中会推才望，得一人而督五省。乃五省总督之兵法，有抚无征，意谓坐待功成。不期汉中掠尽，突栈而出，五省之寇，气合声连，此秦、晋再繁之寇也。

晋天缙绅势焰，人情日无足餍，封君公子主人，家人子弟和之，亲戚傍依，门客假借，乡人受朘逢骗，咫尺朦胧。显宦官舍，家居一门，远于万里，而中州风俗为尤甚。凡素封存中人之产者，群宦仆从一削，御骨立寒，欲求残喘苟延，唯有望门投献，贫士初得一举，林立已遍阶前，一正主仆之名，便可畜使虏使，甚则微其妻子，饿其体肤，甚于世仆。其人懊悔无及，愤怨不堪，又望寇至而勾连归附，此豫省再繁之寇也。众已合于五省，患未息于六年。东结西连，分魁立帅，而全楚沿带长江，遂无一块干净土。

催征之法，日责里长。凡国家役法轮流，一里管催十排。假如十排之中，内有一排为显宦，一排为青衿之贵重者，此其家粮数必多。此八排之中，值充里长，各项加派额征。有司严刑追并，膏疮负痛，来到绅贵青衿之家，五尺应门，不与报通揪采。计无复之，相劝投入寇中。

夫里长本良名，一旦为寇盗而不恤，铤而走险，急何能择也！十载饥寒并至，强盗鼠窃，遍地纷纭。捕官捕兵，能觉察而获真盗者，百中不过一二。其余惧官司责比，急取影响之人，苦刑逼认真贼。一人扳连，必有数十。一人受扳，一家不靖。望大寇之至，而思从之，苟以纾死，遑恤其他也！至于贫士，失馆业而计日无粮，游手鲜生涯而经旬绝粒者，不可枚举。不然，人皆有是四端，既名寇盗，则恻隐、羞恶两皆澌灭。此方五万，彼方十万，果从何等色目变化？

大凡使民不为盗，道存守令之心；而降盗化为民，权在元戎之令。守令轻视功名，则势要不能逼细民。从此畎亩有生存之乐，而寇盗何自生？元戎不惜身命，则士卒不敢避锋镝，指日旌麾，有招降之捷，而寇盗何由广？乱萌之起也，则守令畏显绅如厉鬼，而宁以草菅视子民；乱势之成也，则将军畏狂寇如天神，而宁以逗遛宽卒伍。野议及此，涕泣继之，不知所云矣！

附录三　原典精选

乃粒第一

宋子曰。上古神农氏。若存若亡。然味其徽号两言。至今存矣。生人不能久生。而五谷生之。五谷不能自生。而生人生之。土脉历时代而异。种性随水土而分。不然。神农去陶唐。粒食已千年矣。耒耜之利。以教天下。岂有隐焉。而纷纷嘉种。必待后稷详明。其故何也。纨裤之子。以赭衣视笠蓑。经生之家。以农夫为诟詈。晨炊晚饷。知其味而忘出源者众矣。夫先农而系之以神。岂人力之所为哉。

总名

凡谷无定名。百谷指成数言。五谷则麻、菽、麦、稷、黍。独遗稻者。以著书圣贤。起自西北也。今天下育民人者。稻居什七。而来、牟、黍、稷居什三。麻菽二者。功用已全入蔬饵膏馔之中。而犹系之谷者。从其朔也。

稻

凡稻种最多。不粘者。禾曰秔。米曰粳。粘者。禾曰稌。米曰糯。质本粳而晚收带粘。不可为酒只可为粥者。又一种性也。凡稻谷。形有长芒、短芒、长粒、尖粒、圆顶、扁面不一。其中米色。有雪白、牙黄、大赤、半紫、杂黑不一。湿种之期。最早者春分以前。名为社种。最迟者后于清明。凡播种先以稻、麦藁包浸数日。俟其生芽。撒于田中。生出寸许。其名曰秧。秧生三十日。即拔起分栽。若田亩逢旱干、水溢。不可插秧。秧过期老而长节。即栽于亩中。生谷数粒。结果而已。凡秧田一亩。所生秧。供移栽二十五亩。凡秧既分栽后。早者七十日即收获。最迟者历者历夏及冬。二百日方收获。其冬季播种。仲夏即收者。则广南之稻地无霜雪故也。凡稻旬日失水。即愁旱干。夏种冬收之谷。必山间源水不绝之亩。其谷种亦耐久。其土脉亦寒。不催苗也。湖滨之田。待夏潦已过。六月方栽者。其秧立夏播种。撒藏高亩之上。以待时也。南方平原。田多一岁两栽两获者。其再栽秧。俗名晚糯。非粳类也。六月刈初禾。耕治老藁田。插再生秧。其秧清明时已偕早秧撒布。早秧一日无水即死。此秧历四五两月。任从烈日暵干无忧。此一异也。凡再植稻。遇秋多晴。则汲灌与稻相终始。农家勤苦。为春酒之需也。凡稻旬日失水。则死。期至幻出旱稻一种。粳而不粘者。即高山可插。又一异也。香稻一种。取其芳气。以供贵人。收实甚少。滋益全无。不足尚也。

水利

凡稻防旱借水。独甚五谷。厥土沙泥硗腻。随方不一。有三日即干者。有半月后干者。天泽不降。则人力挽水以济。凡河滨有制筒车者。堰陂障流。绕于车下。激轮使转。挽水入筒。一一倾于枧内。流入亩中。昼夜不息。百亩无忧。其湖池不流水。或以牛力转盘。或聚数人踏转。车身长者二丈。短者半之。其内用龙骨拴串板。关水逆流而上。大抵一人竟日之力。灌田五亩。而牛则倍之。其浅池小浍。不载长车者。则数尺之车。一人两手疾转。竟日之功。可灌二亩而已。扬郡以风帆数扇。俟风转车。风息则止。此车为救潦。欲去泽水。以便栽种。盖去水非取水也。不适济旱用。桔槔、辘轳。功劳又甚细已。

麦

凡麦有数种。小麦曰来。麦之长也。大麦曰牟、曰穬。杂麦曰雀、曰荞。皆以播种同时。花形相似。粉食同功。而得麦名也。四海之内。燕、秦、晋、豫、齐、鲁诸道。烝民粒食。小麦居半。而黍、稷、稻、粱仅居半。西极川、云。东至闽浙、吴、楚腹焉。方长六千里中。种小麦者二十分而一。磨面以为捻头、环饵、馒首、汤料之需。而饔飧不及焉。种余麦者五十分而一。闾阎作苦。以充朝膳。而贵介不与焉。穬麦独产陕西。一名青稞。即大麦随土而变。而皮成青黑色者。秦人专以饲马。饥荒人乃食之。雀麦细穗。穗中又分十数细子。间亦野生。荞麦实非麦类。然以其为粉疗饥。传名为麦。则麦之而已。凡北方小麦。历四时之气。自秋播种。明年初夏方收。南方者。种与收期。时日差短。江南麦花夜发。江北麦花昼发。亦一异也。大麦种获期与小麦相同。荞麦则秋半下种。不两月而即收。其苗遇霜即杀。邀天降霜迟迟。则有收矣。

乃服第二

宋子曰。人为万物之灵。五官百体。赅而存焉。贵者垂衣裳。煌煌山龙。以治天下。贱者短褐枲裳。冬以御寒。夏以蔽体。以自别于禽兽。是故其质则造物之所具也。属草木者为枲、麻、苘、葛。属禽兽与昆虫者为裘、褐、丝、绵。各载其半。而裳服充焉矣。天孙机杼。传巧人间。从本质而见花。因绣濯而得锦。乃杼柚遍天下。而得见花机之巧者。能几人哉？治乱、经纶、字义。学者童而习之。而终身不见其形像。岂非缺憾也？先列饲蚕之法。以知丝源之所自。盖人物相丽。贵贱有章。天实为之矣。

蚕种

凡蛹变蚕蛾。旬日破茧而出。雌雄均等。雌者伏而不动。雄者两翅飞扑。遇雌即交。交一日半日方解。解脱之后。雄者中枯而死。雌者即时生卵。承借卵生者。或纸或布。随方所用。一蛾计生卵二百余粒。自然粘于纸上。粒粒匀铺。天然无一堆积。蚕主收贮。以待来年。

种类

凡蚕有早、晚二种。晚种每年先早种五六日出。结茧亦在先。其茧较轻三分之一。凡茧色唯黄、白二种。川、陕、晋、豫有黄无白。嘉、湖有白无黄。若将白雄配黄雌。则其嗣变成褐茧。黄丝以猪胰漂洗。亦成白色。凡茧形亦有数种。晚茧结成亚腰葫卢样。天露茧尖长如榧子形。又或圆扁如核桃形。凡蚕形亦有纯白、虎斑、纯黑、花纹数种。吐丝则同。

结茧

箱匣之中。火不经。风不透。故所为屯、漳等绢，豫、蜀等绸。皆易朽烂。若嘉、湖其法析竹编箔。其下横架料木。约六尺高。地下摆列炭火。方圆去四五尺。即列火一盆。蚕恋火意。即时造茧。不复缘走。茧绪既成。即每盆加火半斤。吐出丝来。随即干燥。所以经久不坏也。其茧室不宜楼板遮盖。下欲火而上欲风凉也。凡火顶上者。不以为种。取种宁用火偏者。其箔上山。用麦稻藁斩齐。随手纠捩成山。顿插箔上。做山之人。最宜手健。箔竹稀疏。用短藁略铺洒。防蚕跌坠地下与火中也。

治丝

锅煎极沸汤。丝粗细视投茧多寡。穷日之力。一人可取三十两。凡绫罗丝一起投茧二十枚。凡茧滚沸时。以竹签拨动水面。丝绪自见。提绪入手。引入竹针眼。先绕星丁头。然后由送丝干勾挂。以登大关车。断绝之时。寻绪丢上。不必绕接。其丝排匀不堆积者。全在送丝干与磨不之上。丝美之法有六字。一曰出口结干。即茧时用炭火烘。一曰出水干。则治丝登车时。用炭火四五两盆盛。去车关五寸许。运转如风转时。转转火意照干。是曰出水干也。

纬络

凡丝既籰之后以就经纬。经质用少。而纬质用多。每丝十两。经四纬六。此大略也。凡供纬籰。以水沃湿丝。摇车转铤。而纺于竹管之上。

经具

凡丝既籰之后。牵经就织。以直竹竿穿眼三十余。透过篾圈。名曰溜眼。竿横架柱上。丝从圈透过掌扇。然后缠绕经耙之上。度数既足。将印架捆卷。既捆。中以交竹二度。一上一下间丝。然后扱于筬内。扱筬之后，以的杠与印架相望。登开五七丈。或过糊者。就此过糊。或不过糊。就此卷于的杠穿综就织。

经数

凡织帛。罗纱筬以八百齿为率。绫绢筬以一千二百齿为率。每筬齿中度经过糊者。四缕合为二缕。罗纱经计三千二百缕。绫绸经计五千六千缕。古书八十缕为一升。今绫绢厚者。古所谓六十升布也。凡织花文。必用嘉、湖出口出水皆干丝为经。则任从提挈。不忧断接。他省者。即勉强提花。潦草而已。

花机式

凡花机。通身度长一丈六尺。隆起花楼。中托衢盘。下垂衢脚。对花楼下。掘坑二尺许。以藏衢脚。提花小厮。坐立花楼架木上。机末以的杠卷丝。中用叠助木两枝。直穿二木。约四尺长。其尖插于篾两头。叠助织纱罗者。视织绫绢者减轻十余斤方妙。其素罗不起花纹。与软纱绫绢踏成浪梅小花者。视素罗只加桄二扇。一人踏织自成。不用提花之人。闲住花楼。亦不设衢盘与衢脚也。其机式两接。前一接平安。自花楼向身一接斜倚。低下尺许。则叠助力雄。

腰机式

凡织杭西罗地等绢。轻素等绸。银条巾帽等纱。不必用花机。只用小机。织匠以熟皮一方寘坐下。其力全在腰尻之上。故名腰机。普天织葛、苎、棉布者。用此机法。布帛更整齐坚泽。惜今传之。犹未广也。

结花本

凡工匠结花本者。心计最精巧画师先画何等花色于纸上。结本者以丝线随画量度。算计分寸秒。忽。而结成之。张悬花楼之上。即织者不知成何花色。穿综带经。随其尺寸度数。提起衢脚。梭过之后，居然花现。盖绫绢以浮经而见花。纱罗以纠纬而见花。绫绢一梭一提。纱罗来梭提。往梭不提。天孙机杼。人巧备矣。

彰施第三

宋子曰。霄汉之间。云霞异色。阎浮之内。花叶殊形。天垂象而圣人则之。以五采彰施于五色。有虞氏岂无所用其心哉。飞禽众而凤则丹。走兽盈而麟则碧。夫林林青衣。望阙而拜黄朱也。其义亦犹是矣。老子曰。甘受和。白受采。世间丝、麻、裘、褐。皆具素质。而使殊颜异色。得以尚焉。谓造物不劳心者。吾不信也。

蓝淀

凡蓝五种。皆可为淀。茶蓝即菘蓝。插根活。蓼蓝、马蓝、吴蓝等。皆撒子生。凡种茶蓝法。冬月割获。将叶片片削下。入窖造淀。其身斩去上下。近根留数寸。熏干埋藏土内。春月烧净山土。使极肥松。然后用锥锄。刺土打斜眼。插入于内。自然活根生叶。其余蓝皆收子撒种畦圃中。暮春生苗。六月采实。七月刈身造淀。凡造淀。叶与茎多者入窖。少者入桶与缸。水浸七日。其汁自来。每水浆壹石。下石灰五升。搅冲数十下。淀信即结。水性定时。淀沉于底。

红花

红花。场圃撒子种。二月初下种。凡种地肥者。苗高二三尺。每路打撅、缚绳、横阑。以备狂风拗折。若瘦地尺五以下者。不必为之。红花入夏即放绽。花下作梂汇。多刺。花出梂上。采花者必侵晨带露摘取。若日高露旰。其花即已结闭成实。不可采矣。其朝阴雨无露。放花较少。旰摘无妨。以无日色故也。红花逐日放绽。经月乃尽。入药用者。不必制饼。若入染家用者。必以法成饼然后用。则黄汁净尽。而真红乃现也。

粹精第四

宋子曰。天生五谷以育民。美在其中。有黄裳之意焉。稻以糠为甲。麦以麸为衣。粟、粱、黍、稷。毛羽隐然。播精而择粹。其道宁终秘也。饮食而知味者。食不厌精。杵臼之利。万民以济。盖取诸小过。为此者岂非人貌而天者哉。

攻稻

凡稻刈获之后。离藁取粒。束藁于手而击取者半。聚藁于场。而曳牛滚石以取者半。凡束手而击者。受击之物。或用木桶。或用石板。收获之时。雨多霁少。田稻交湿。不可登场者。以木桶就田击取。晴霁稻干。则用石板甚便也。凡服牛曳石。滚压场中。视人手击取者。力省三倍。但作种之谷。恐磨去壳尖。减削生机。故南方多种之家。场禾多借牛力。而来年作种者。则宁向石板击取也。凡稻最佳者。九穰一秕。倘风雨不时。耘耔失节。则六穰四秕者容有之。凡去秕。南方尽用风车扇去。北方稻少。用扬法。即以扬麦、黍者扬稻。盖不若风车之便也。凡稻去壳用砻。去膜用舂用碾。然水碓主舂。则兼并砻功。燥干之谷。入碾亦省砻也。

作咸第五

宋子曰。天有五气。是生五味。润下作咸。王访箕子而首闻其义焉。口之于味也。辛、酸、甘、苦。经年绝一无恙。独食盐禁戒旬日。则缚鸡胜匹。倦怠恹然。岂非天一生水。而此味为生人生气之源哉。四海之中。五服而外。为蔬为谷。皆有寂灭之乡。而斥卤则巧生以待。孰知其所以然。

盐产

凡盐产最不一。海、池、井、土、崖、砂石。略分六种。而东夷树叶、西戎光明不与焉。赤县之内。海卤居十之八。而其二为井、池、土硷。或假人力。或由天造。总之。一经舟车穷窘。则造物应付出焉。

海水盐

凡海水自具咸质。海滨地高者名潮墩。下者名草荡。地皆产盐。同一海卤传神。而取法则异。一法。高堰地潮波不没者。地可种盐。种户各有区画经界。不相侵越。度诘朝无雨。则今日广布稻麦藁灰及芦茅灰寸许于地上。压使平匀。明晨露气冲腾。则其下盐茅勃发。日中晴霁。灰盐一并扫起淋煎。一法。潮波浅被地不用灰压。候潮一过。明日天晴。半日晒出盐霜。疾趋扫起煎炼。一法。逼海潮深地先掘深坑。横架竹木。上铺席苇。又铺沙于苇席之上。俟潮灭顶冲过。卤气由沙渗下坑中。撤去沙苇。以烛灯之。卤气冲灯即灭。取卤水煎炼。总之。功在晴霁。若淫雨连旬。则谓之盐荒。又淮场地面。有日晒自然生霜如马牙者。谓之大晒盐。不由煎炼。扫起即食。海水顺风飘来断草。勾取煎炼。名蓬盐。凡淋煎法。掘坑二个。一浅一深。浅者尺许。以竹木架芦席于上。将扫来盐料铺于席上。四围隆起。作一堤垱形。中以海水灌淋。渗下浅坑中。深者深七八尺。受浅坑所淋之汁。然后入锅煎炼。凡煎盐锅。古谓之牢盆。亦有两种制度。其盆周阔数丈。径亦丈许。用铁者以铁打成叶片。铁钉拴合。其底平如盂。其四周高尺二寸。其合缝处。一经卤汁结塞。永无隙漏。其下列灶燃薪。多者十二三眼。少者七八眼共煎。此盘南海有编竹为者。将竹编成阔丈深尺。糊以蜃灰。附于釜背。火燃釜底。滚沸延及成盐。亦名盐盆。然不若铁叶镶成之便也。凡煎卤未即凝结。将皂角椎碎。和粟米糠二味。卤沸之时。投入其中搅和。盐即顷刻结成。盖皂角结盐。犹石膏之结腐也。凡盐。淮扬场者。质重而黑。其他质轻而白。以量较之。淮场者一升重十两。则广、浙、长芦者只重六七两。凡蓬草盐不可常期。或数年一至。或一月数至。凡盐见水即化。见风即卤。见火愈坚。凡收藏不必用仓廪。盐性畏风不畏湿。地下叠藁三寸。任从卑湿无伤。周遭以土砖泥隙。上盖茅草尺许。百年如故也。

井盐

凡滇、蜀两省。远离海滨。舟车艰通。形势高上。其咸脉韫藏地中。凡蜀中石山去河不远者。多可造井取盐。盐井周围不过数寸。其上口一小盂覆之有余。深必十丈以外。乃得卤性。故造井功费甚难。其器冶铁锥如碓嘴形。其尖使极刚利。向石山舂凿成孔。其身破竹缠绳。夹悬此锥。每舂深入数尺。则又以竹接其身。使引而长。初入丈许。或以足踏碓。稍如舂米形。太深则用手捧持顿下。所舂石成碎粉。随以长竹接引。悬铁盏空之而上。大抵深者半载。浅者月余。乃得一井成就。盖井中空阔。则卤气游散。不克结盐故也。井及泉后。择美竹长丈者。凿净其中节。留底不去。其喉下安消息。吹水入筒。用长絙系竹。沉下其中。水满。井上悬桔槔。辘轳诸具。制盘驾牛。牛拽盘转。辘轳绞絙。汲水而上。入于釜中煎炼顷刻结盐。色成至白。西川有火井。事奇甚。其井居然冷水。绝无火气。但以长竹剖开去节。合缝漆布。一头插入井底。其上曲接。以口紧对釜脐。注卤水釜中。只见火意烘烘。水即滚沸。启竹而视之。绝无半点焦炎。

甘嗜第六

宋子曰。气至于芳。色至于艷。味至于甘。人之大欲存焉。芳而烈。艷而艳。甘而甜。则造物有尤异之思矣。世间作甘之味。什八产于草木。而飞虫竭力争衡。采取百花。酿成佳味。使草木无全功。孰主张而颐养遍于天下哉。

造糖

凡造糖车制。用横板二片。长五尺、厚五寸、阔二尺。两头凿眼安柱。上笋出少许。下笋出板二三尺。埋筑土内。使安稳不摇。上板中凿二眼。并列巨轴两根。轴木大七尺围方妙。两轴一长三尺。一长四尺五寸。其长者出笋安犁担。担用屈木。长一丈五尺。以便驾牛团转走。轴上凿齿。分配雌雄。其合缝处。须直而圆。圆而缝合。夹蔗于中。一轧而过。与棉花赶车同义。蔗过浆流。再拾其滓。向轴上鸭嘴扱入再轧。又三轧之。其汁尽矣。其滓为薪。其下板承轴。凿眼只深一寸五分。使轴脚不穿透。以便板上受汁也。其轴脚嵌安铁锭于中。以便捩转。凡汁浆流板有槽枧汁入于缸内。每汁一石。下石灰五合于中。凡取汁煎糖。并列三锅如品字。先将稠汁聚入一锅。然后逐加稀汁两锅之内。若火力少束薪。其糖即成顽糖。起沫不中用。

陶埏第七

泥瓮坚而醴酒欲清。瓦登洁而醯醢以荐。商周之际。俎豆以木为之。毋亦质重之思耶。后世方土效灵。人工表异。陶成雅器。有素肌玉骨之象焉。掩映几筵。文明可掬。岂终固哉。

白瓷（附青瓷）

凡白土曰垩土。为陶家精美器用。中国出惟五六处。北则真定定州、平凉华亭、太原平定、开封禹州。南则泉郡德化、徽郡婺源、祁门。德化窑惟以烧造瓷仙。精巧人物、玩器。不适实用。真、开等郡瓷窑所出。色或黄滞无宝光。合并数郡。不敌江西饶郡产。浙省处州丽水、龙泉两邑。烧造过釉杯碗。青黑如漆。名曰处窑。宋、元时龙泉华琉山下。有章氏造窑。出款贵重。古董行所谓哥窑器者即此。若夫中华四裔驰名猎取者。皆饶郡浮梁景德镇之产也。此镇从古及今。为烧器地。然不产白土。土出婺源、祁门两山。一名高梁山。出粳米土。其性坚硬。一名开化山。出糯米土。其性粢软。两土和合。瓷器方成。其土作成方块。小舟运至镇。造器者将两土等分。入臼舂一日。然后入缸水澄。其上浮者为细料。倾跌过一缸。其下沉底者为粗料。细料缸中。再取上浮者。倾过为最细料。沉底者为中料。既澄之后。以砖砌方长塘。逼靠火窑。以借火力。倾所澄之泥于中吸干。然后重用清水。调和造坯。

造此器坯。先制陶车。车竖直木一根。埋三尺入土内。使之安稳。上高二尺许。上下列圆盘。盘沿以短竹棍拨运旋转。盘顶正中。用檀木刻成盔头冒其上。凡造坯盘。无有定形模式。以两手捧泥盔冒之上。旋盘使转。拇指剪去甲。按定泥底。就大指薄旋而上。即成一杯碗之形。功多业熟。即千万如出一范。凡盔冒上造小坯者。不必加泥。造中盘、大碗。则增泥大其冒。使干燥而后受功。凡手指旋成坯后。覆转用盔冒一印。微晒留滋润又一印。晒成极白干。入水一汶。漉上盔冒。过利刀二次。然后补整碎缺。就车上旋转打圈。圈后或画或书。字画后喷水数口。然后过釉。凡为碎器与千钟粟与褐色杯等。不用青料。欲为碎器。利刀过后。日晒极热。入清水一蘸而起。烧出自成裂文。千钟粟则釉浆捷点。褐色则老茶叶煎水一抹也。使料煅过之后。以乳钵极研。然后调画水。调研时色如皂。入火则成青碧色。凡将碎器为紫霞色杯者。用臙脂打湿。将铁线纽一兜络。盛碎器其中。炭火炙热。然后以湿胭脂一抹即成。凡宣红器。乃烧成之后。出火另施工巧。微炙而成者。非世上硃、砂能留红质于火内也。凡瓷器经画过釉之后。装入匣钵。钵以粗泥造。其中一泥饼托一器。底空处以沙实之。大器一匣装一个。小器十余共一匣钵。钵佳者装烧十余度。劣者一二次即坏。凡匣钵装器入窑。然后举火。其窑上空十二圆眼。名曰天窗。火以十二时辰为足。先发门火十个时。火力从下攻上。然后天窗掷柴烧两时。火力从上透下。器在火中。其软如棉絮。以铁叉取一以验火候之足。辨认真足。然后绝薪止火。共计一坯工力。过手七十二。方克成器。其中微细节目。尚不能尽也。

冶铸第八

宋子曰。首山之采。肇自轩辕。源流远矣哉。九牧贡金。用襄禹鼎。从此火金功用。日异而月新矣。夫金之生也。以土为母。及其成形而效用于世也。母模子肖。亦犹是焉。精粗巨细之间。但见钝者司舂。利者司垦。薄其身以媒合水火。而百姓繁。虚其腹以振荡空灵。而八音起。愿者肖仙梵之身。而尘凡有至象。巧者夺上清之魄。而海寓遍流泉。即屈指唱筹。岂能悉数。要之人力不至于此。

钟

凡钟为金乐之首。其声一宣。大者闻十里。小者亦及里之余。故君视朝。官出署。必用以集众。而乡饮酒礼。必用以和歌。梵宫、仙殿。必用以明摄谒者之诚。幽起鬼神之敬。凡铸钟高者铜质。下者铁质。今北极朝钟。则纯用响铜。每口共费铜四万七千斤。锡四千斤。金五十两。银一百二十两于内。成器亦重二万斤。身高一丈一尺五寸。双龙蒲牢高二尺七寸。口径八尺。则今朝钟之制也。凡造万钧钟。与铸鼎法同。掘坑深丈几尺。燥筑其中如房舍。埏泥作模骨。其模骨用石灰、三和土筑。不使有丝毫隙拆。干燥之后。以牛油、黄蜡附其上数寸。油、蜡分两。油居什八。蜡居什二。其上高蔽抵晴雨。油蜡墁定。然后雕镂书文、物象。丝发成就。然后舂筛绝细土与炭末为泥。涂墁以渐。而加厚至数寸。使其内外透体干坚。外施火力。炙化其中油蜡。从口上孔隙镕流净尽。则其中空处。即钟鼎托体之区也。凡油、蜡一斤虚位。填铜十斤。塑油时尽油十斤。则备铜百斤以俟之。中既空净。则议镕铜。凡火铜至万钧。非手足所能驱使。四面筑炉。四面泥作槽道。其道上口承接炉中。下口斜低。以就钟鼎入铜孔。槽傍一齐红炭炽围。洪炉镕化时。决开槽梗。一齐如水横流。从槽道中枧注而下。钟鼎成矣。凡万钧铁钟与炉釜其法皆同。而塑法则由人省啬也。若千斤以内者。则不须如此劳费。但多捏十数锅炉。炉形如箕。铁条作骨。附泥做就。其下先以铁片圈筒。直透作两孔。以受杠。穿其炉垫于土墩之上。各炉一齐鼓鞴镕化。化后以两杠穿炉下。轻者两人、重者数人。抬起倾注模底孔中。甲炉既倾。乙炉疾继之。丙炉又疾继之。其中自然粘合。若相承迂缓。则先入之质欲冻。后者不粘。衅所由生也。凡铁钟模不重费油蜡者。先埏土作外模。剖破两边形。或为两截。以子口串合。翻刻书文于其上。内模缩小分寸。空其中体。精算而就外模刻文。后以牛油滑之。使他日器无粘欗。然后盖上。泥合其缝而受铸焉。巨磬、云板。法皆仿此。

炮

凡铸炮。西洋红夷佛郎机等用熟铜造。信炮、短提铳等用生熟铜兼半造。襄阳盏口、大将军、二将军等用铁造。

舟车第九

宋子曰。人群分而物异产。来往贸迁。以成宇宙。若各居而老死。何借有群类哉。人有贵而必出。行畏周行。物有贱而必须。坐穷负贩。四海之内。南资舟而北资车。梯航万国。能使帝京元气充然。何其始造舟车者不食尸祝之报也。浮海长年。视万顷波如平地。此与列子所谓御冷风者无异。传所称奚仲之流。倘所谓神人者非耶。

漕舫

凡京师为军民集区。万国水运以供储。漕舫所由兴也。元朝混一。以燕京为大都。南方运道。由苏州、刘家港、海门、黄连沙开洋。直抵天津。制度用遮洋船。永乐间因之。以风涛多险。后改漕运。平江伯陈某始造平底浅船。则今粮船之制也。粮船初制。底长五丈二尺。其板厚二寸。采巨木楠为上。栗次之。头长九尺五寸。梢长九尺五寸。底阔九尺五寸。底头阔六尺。底梢阔五尺。头伏狮阔八尺。梢伏狮阔七尺。梁头一十四座。龙口梁阔一丈。深四尺。使风梁阔一丈四尺。深三尺八寸。后断水梁阔九尺。深四尺五寸。两厫共阔七尺六寸。此其初制。载米可近二千石。凡今官坐船。其制尽同。第窗户之间。宽其出径。加以精工彩饰而已。凡造船先从底起。底面傍靠墙。上承栈。下亲地面。隔位列置者曰梁。两傍峻立者曰墙。盖墙巨木曰正枋。枋上曰弦。梁前竖桅位曰锚坛。坛底横木夹桅本者曰地龙。前后维曰伏狮。其下曰拏狮。伏狮下封头木曰连三枋。船头面中缺一方曰水井。头面眉际。树两木以系缆者曰将军柱。船尾下斜上者曰草鞋底。后封头下曰短枋。枋下曰挽脚梁。船梢掌舵所居。其上曰野鸡篷。凡舟身将十丈者。立桅必两树。中桅之位。折中过前二位。头桅又前丈余。粮船中桅长者以八丈为率。短者缩十之一二。其本入窗内亦丈余。悬篷之位约五六丈。头桅尺寸则不及中桅之半。篷纵横亦不敌三分之一。凡风篷尺寸。其则一视全舟横身。过则有患。不及则力软。凡船篷。其质乃析篾成片织就。夹维竹条。逐块折叠。以俟悬挂。粮船中桅篷。合并十人力。方克凑顶。头篷则两人带之有余。凡度篷索。先系空中寸圆木关捩于桅巅之上。

然后带索腰间。缘木而上。三股交错而度之。凡风篷之力。其末一叶敌其本三叶。调匀和畅顺风则绝顶张篷。行疾奔马。若风力洊至。则以次减下。狂甚则只带一两叶而已。凡风从横来名曰抢风。顺水行舟。则挂篷之玄游走。或一抢向东。止寸平过。甚至却退数十丈。未及岸时。捩舵转篷。一抢向西。借贷水力。兼带风力轧下。则顷刻十余里。或湖水平而不流者。亦可缓轧。若上水舟则一步不可行也。凡船性随水。若草从风。故制舵障水。使不定向流。舵板一转。一泓从之。凡舵尺寸。与船腹切齐。若长一寸。则遇浅之时。船腹已过。其梢尼舵使胶住。设风狂力劲。则寸木为难不可言。舵短一寸。则转运力怯。回头不捷。凡舵力所障水。相应及船头而止。其腹底之下。俨若一派急顺流。故船头不约而正。其机妙不可言。舵上所操柄。名曰关门棒。欲船北则南向捩转。欲船南则北向捩转。船身太长。而风力横劲。舵力不甚应手。则急下一偏披水板。以抵其势。凡舵用直木一根为身。上截衡受棒。下截界开衔口。纳板其中如斧形。铁钉固拴以障水。梢后隆起处。亦名曰舵楼。凡铁锚所以沉水系舟。一粮船计用五六锚。最雄者曰看家锚。重五百斤内外。其余头用二枝。梢用二枝。凡中流遇逆风。不可去又不可泊。则下锚沉水底。其所系繂。缠绕将军柱上。锚爪一遇泥沙。扣底抓住。十分危急。则下看家锚。系此锚者名曰本身。盖重言之也。或同行前舟阻滞。恐我舟顺势急去。有撞伤之祸。则急下梢锚提住。使不迅速流行。风息开舟。则以云车绞缆。提锚使上。凡船板合隙缝。以白麻斮絮为筋。钝凿扱入。然后筛过细石灰，和桐油舂杵成团调艌。温、台、闽、广即用蛎灰。凡舟中带篷索。以火麻秸绹绞。粗成径寸以外者。即系万钧不绝。若系锚缆，则破析青篾为之。其篾线入釜煮熟。然后纠绞，拽纤篔亦煮熟篾线绞成。十丈以往，中作圈为接彄。遇阻碍可以掐断。凡竹性直。篾一线千钧。三峡入川上水舟。不用纠绞篔缱。即破竹阔寸许者。整条以次接长。名曰火杖。盖沿崖石棱如刃。惧破篾易损也。凡木色。桅用端直杉木。长不足则接。其表铁箍逐寸包围。船窗前道。皆当中空阙。以便树桅。凡树中桅。合并数巨舟承载。其末长缆系表而起。梁与枋墙。用楠木、槠木、樟木、榆木、槐木。栈板不拘何木。舵杆用榆木、榔木、槠木。关门棒用椆木、榔木。橹用杉木、桧木、楸木。此其大端云。

锤锻第十

宋子曰。金木受攻。而物象曲成。世无利器。即般倕安所施其巧哉。五兵之内。六乐之中。微钳锤之奏功也。生杀之机泯然矣。同出洪炉烈火。小大殊形。重千钧者。系巨舰于狂渊。轻一羽者。透绣纹于章服。使冶钟铸鼎之巧。束手而让神功焉。莫邪干将。双龙飞跃。毋其说亦有征焉者乎。

冶铁

凡冶铁成器。取已炒熟铁为之。先铸铁成砧。以为受锤之地。谚云。万器以钳为祖。非无稽之说也。凡出炉熟铁。名曰毛铁。受锻之时。十耗其三为铁华铁落。若已成废器未锈烂者。名曰劳铁。改造他器与本器再经锤锻。十止耗去其一也。凡炉中炽铁用炭。煤炭居十七。木炭居十三。凡山林无煤之处。锻工先择坚硬条木。烧成火墨。其炎更烈于煤。即用煤炭。亦别有铁炭一种。取其火性内攻。焰不虚腾者。与炊炭同形而分类也。凡铁性逐节粘合。涂上黄泥于接口之上。入火挥槌。泥滓成枵而去。取其神气为媒合。胶结之后。非灼红斧斩。永不可断也。凡熟铁、钢铁。已经炉锤。水火未济。其质未坚。乘其出火之时。入清水淬之。名曰健钢、健铁。言乎未健之时。为钢为铁。弱性犹存也。凡釬铁之法。西洋诸国别有奇药。中华小釬用白铜末。大釬则竭力挥锤而强合之。历岁之久。终不可坚。故大炮西番有锻成者。中国则惟事冶铸也。

先成四爪。以次逐节接身。其三百斤以内者。用径尺阔砧。安顿炉傍。当其两端皆红。掀去炉炭。铁包木棍。夹持上砧。若千斤内外者。则架木为棚。多人立其上。共持铁练。两接锚身。其末皆带巨铁圈练套。提起捩转。咸力锤合。合药不用黄泥。先取陈久壁土筛细。一人频撒接口之中。浑合方无微罅。盖炉锤之中。此物其最巨者。

膏液第十二

宋子曰。天道平分昼夜。而人工继晷以襄事。岂好劳而恶逸哉。使织女燃薪。书生映雪。所济成何事也。草木之实。其中韫藏膏液。而不能自流。假媒水火。凭借木石。而后倾注而出焉。此人巧聪明。不知于何禀度也。人间负重致远。恃有舟车。乃车得一铢而辖转。舟得一石而罅完。非此物之为功也不可行矣。至菹蔬之登釜也。莫或膏之。犹啼儿之失乳焉。斯其功用。一端而已哉。

油品

凡油供馔食用者。胡麻、莱菔子、黄豆、菘菜子为上。苏麻、芸薹子次之。茶子次之。苋菜子次之。大麻仁为下。燃灯则柏仁内水油为上。芸薹次之。亚麻子次之。棉花子次之。胡麻次之。桐油与柏混油为下。造烛则柏皮油为上。蓖麻子次之。柏混油每斤入白蜡冻结次之。白蜡结冻诸清油又次之。樟树子油又次之。冬青子油又次之。北土广用牛油。则为下矣。凡胡麻与蓖麻子、樟树子。每石得油四十斤。莱菔子每石得油二十七斤。芸薹子每石得三十斤。其耨勤而地沃。榨法精到者。仍得四十斤。茶子每石得油一十五斤。桐子仁每石得油三十三斤。柏子分打时。皮油得二十斤。水油得十五斤。混打时共得三十三斤。冬青子每石得油十二斤。黄豆每石得油九斤。菘菜子每石得油三十斤。棉花子每百斤得油七斤。苋菜子每石得油三十斤。亚麻、大麻仁每石得油二十余斤。此其大端。其他未穷究试验。与夫一方已试。而他未知者。尚有待云。

杀青第十三

宋子曰。物象精华。乾坤微妙。古传今而华达夷。使后起含生。目授而心识之。承载者以何物哉。君与民通。师将弟命。凭借呫呫口语。其与几何。持寸符。握半卷。终事诠旨。风行而冰释焉。覆载之间之藉有楮先生也。圣顽咸嘉赖之矣。身为竹骨与木皮。杀其青而白乃见。万卷百家。基从此起。其精在此。而其粗效于障风护物之间。事已开于上古。而使汉、晋时人擅名记者。何其陋哉。

纸料

凡纸质。用楮树皮与桑穰、芙蓉膜等诸物者为皮纸。用竹麻者为竹纸。精者极其洁白。供书文、印文、柬启用。粗者为火纸、包裹纸。所谓杀青。以斩竹得名。汗青以煮沥得名。

造竹纸

凡造竹纸。事出南方。而闽省独专其盛。当笋生之后。看视山窝深浅。其竹以将生枝叶者为上料。节界芒种。则登山砍伐。截断五七尺长。就于本山开塘一口。注水其中漂浸。恐塘水有涸时。则用竹枧通引不断瀑流注入。浸至百日之外。加功槌洗。洗去粗壳与青皮。其中竹穰。形同苎麻样。用上好石灰化汁涂浆。入楻桶下煮。火以八日八夜为率。凡煮竹下锅用径四尺者。锅上泥与石灰捏弦。高阔如广。中煮盐牢盆样。中可载水十余石。上盖楻桶。其围丈五尺。其径四尺余。盖定受煮。八日已足。歇火一日。揭楻取出竹麻。入清水漂塘之内洗净。其塘底面四维。皆用木板合缝砌完。以防泥污。洗净。用柴灰浆过。再入釜中。其上按平。平铺稻草灰寸许。桶内水滚沸。即取出别桶之中。仍以灰汁淋下。倘水冷。烧滚再淋。如是十余日。自然臭烂。取出入臼受舂。舂至形同泥面。倾入槽内。凡抄纸槽。上合方斗。尺寸阔狭。槽视帘。帘视纸。竹麻已成。槽内清水浸浮其面三寸许。入纸药水汁于其中。则水干自成洁白。凡抄纸帘。用刮磨绝细竹丝编成。展卷张开时。下有纵横架匡。两手持帘。入水荡起竹麻。入于帘内。厚薄由人手法。轻荡则薄。重荡则厚。竹料浮帘之顷。水从四际淋下槽内。然后覆帘落纸于板上。叠积千万张。数满则上以板压。俏绳入棍。如榨酒法。使水气净尽流干。然后以轻细铜镊。逐张揭起焙干。凡焙纸先以土砖砌成夹巷。下以砖盖巷地面。数块以往。即空一砖。火薪从头穴烧发。火气从砖隙透巷外砖尽热。湿纸逐张贴上焙干。揭起成帙。近世阔幅者。名大四连。一时书文贵重。其废纸洗去朱墨污秽。浸烂入槽再造。全省从前煮浸之力。依然成纸。耗亦不多。南方竹贱之国。不以为然。北方即寸条片角。在地随手拾取再造。名曰还魂纸。竹与皮。精与粗。皆同之也。若火纸、糙纸。斩竹、煮麻、灰浆、水淋皆同前法。唯脱帘之后。不用烘焙。压水去湿。日晒成干而已。盛唐时，鬼神事繁。以纸钱代焚帛。故造此者名曰火纸。荆楚近俗。有一焚侈近千斤者。此纸十七供冥烧。十三供日用。其最粗而厚者。名曰包裹纸。则竹麻和宿田晚稻藁所为也。若铅山诸邑所造柬纸。则全用细竹料厚质荡成。以射重价。最上者曰官柬。富贵之家通刺用之。其纸敦厚而无筋膜。染红为吉柬。则先以白矾水染过。后上红花汁云。

五金第十四

宋子曰。人有十等。自王公至于舆台。缺一焉而人纪不立矣。大地生五金。以利用天下与后世。其义亦犹是也。贵者千里一生。促亦五六百里而生。贱者舟车稍艰之国。其土必广生焉。黄金美者。其值去黑铁一万六千倍。然使釜鬵、斤斧。不呈效于日用之间。即得黄金。直高而无民耳。贸迁有无货居。周官泉府。万物司命系焉。其分别美恶而指点重轻。孰开其先。而使相须于不朽焉。

银

凡银中国所出。浙江、福建旧有坑场。国初或采或闭。江西饶、信、瑞三郡。有坑从未开。湖广则出辰州。贵州则出铜仁。河南则宜阳赵保山、永宁秋树坡、卢氏高觜儿、嵩县马槽山与四川会川密勒山、甘肃大黄山等。皆称美矿。其他难以枚举。然生气有限。每逢开采。数不足则括派以赔偿法。不严则窃争而酿乱。故禁戒不得不苛。燕、齐诸道。则地气寒而石骨薄。不产金银。然合八省所生。不敌云南之半。故开矿煎银。唯滇中可永行也。

凡云南银矿。楚雄、永昌、大理为最盛。曲靖、姚安次之。镇沅又次之。凡石山硐中有铆砂。其上现磊然小石微带褐色者。分丫成径路。采者穴土十丈或二十丈。工程不可日月计。寻见土内银苗。然后得礁砂所在。凡礁砂藏深土。如枝分派别。各人随苗分径横空而寻之。上楷横板架顶。以防崩压。采工篝灯逐径施镢。得矿方止。凡土内银苗。或有黄色碎石。或土隙石缝有乱丝形状。此即去矿不远矣。凡成银者曰礁。至碎者曰砂。其面分丫若枝形者曰铆。其外包环石块曰矿。矿石大者如斗。小者如拳。为弃置无用物。其礁砂形如煤炭底衬石而不甚黑。其高下有数等。出土以斗量。付与冶工。高者六七两一斗。中者三四两。最下一二两。

凡礁砂入炉。先行拣净淘洗。其炉土筑巨墩。高五尺许。底铺瓷屑、炭灰。每炉受礁砂二石。用栗木炭二百斤。周遭丛架。靠炉砌砖墙一朵。高阔皆丈余。风箱安置墙背。合两三人力。带拽透管通风。用墙以抵炎热。鼓鞲之人方克安身。炭尽之时。以长铁叉添入。风火力到。礁砂镕化成团。此时银隐铅中。尚未出脱。计礁砂二石。镕出团约重百斤。冷定取出。另入分金炉。一名虾蟆炉内。用松木炭匝围。透一门以辨火色。其炉或施风箱。或使交箑。火热功到。铅沉下为底子。频以柳枝。从门隙入内燃照。

铅气净尽。则世宝凝然成象矣。此初出银。

铁

凡铁场所在有之。其质浅浮土面。不生深穴。繁生平阳冈埠。不生峻岭高山。质有土锭、碎砂数种。凡土锭铁土面浮出黑块。形似称锤。遥望宛然如铁。捻之则碎土。若起冶煎炼。浮者拾之。又乘雨湿之后。牛耕起土。拾其数寸土内者。耕垦之后。其块逐日生长。愈用不穷。西北甘肃、东南泉郡。皆锭铁之薮也。燕京遵化与山西平阳。则皆砂铁之薮也。凡砂铁一抛土膜。即现其形。取来淘洗。入炉煎炼。镕化之后。与锭铁无二也。凡铁分生、熟。出炉未炒则生。既炒则熟。生熟相和。炼成则钢。凡铁炉用盐做造。和泥砌成。其炉多傍山穴为之。或用巨木匡围。塑造盐泥。穷月之力。不容造次。盐泥有罅。尽弃全功。凡铁一炉。载土二千余斤。或用硬木柴。或用煤炭。或用木炭。南北各从利便。扇炉风箱。必用四人六人带拽。土化成铁之后。从炉腰孔流出。炉孔先用泥塞。每旦昼六时、一时。出铁一陀。既出。即又泥塞。鼓风再镕。凡造生铁为冶铸用者。就此流成长条圆块。范内取用。若造熟铁。则生铁流出时。相连数尺内低下数寸。筑一方塘短墙抵之。其铁流入塘内。数人执持柳木棍排立墙上。先以污潮泥晒干。舂筛细罗如面。一人疾手撒滟。众人柳棍疾搅。即时炒成熟铁。其柳棍每炒一次。烧折二三寸。再用。则又更之。炒过稍冷之时。或有就塘内斩划成方块者。或有提出挥椎打圆后货者。若浏阳诸冶。不知出此也。凡钢铁炼法。用熟铁打成薄片。如指头阔。长寸半许。以铁片束包尖紧。生铁安置其上。又用破草履盖其上。泥涂其底下。洪炉鼓鞴。火力到时。生钢先化。渗淋熟铁之中。两情投合。取出加锤。再炼再锤。不一而足。俗名团钢。亦曰灌钢者是也。其倭夷刀剑。有百炼精纯。置日光檐下。则满室辉曜者。不用生熟相和炼。又名此钢为下乘云。夷人又有以地溲淬刀剑者。云钢可切玉。亦未之见也。凡铁内有硬处不可打者。名铁核。以香油涂之即散。凡产铁之阴。其阳出慈石。第有数处不尽然也。

佳兵第十五

宋子曰。兵非圣人之得已也。虞舜在位五十载。而有苗犹弗率。明王圣帝谁能去兵哉。弧矢之利。以威天下。其来尚矣。为老氏者。有葛天之思焉。其词有曰。佳兵者。不祥之器。盖言慎也。火药机械之窍。其先凿自西番与南裔。而后乃及于中国。变幻百出。日盛月新。中国至今日。则即戎者以为第一义。岂其然哉。虽然。主人纵有巧思。乌能至此极也。

弧矢

凡造弓。以竹与牛角为正中干质。桑枝木为两弰。弛则竹为内体。角护其外。张则角向内而竹居外。竹一条而角两接。桑弰则其末刻锲。以受弦彄。其本则贯插接笋于竹丫。而光削一面以贴角。凡造弓先削竹一片。中腰微亚小。两头差大。约长二尺许。一面粘胶。靠角一面。铺置牛筋与胶而固之。牛角当中牙接。固以筋胶。胶外固以桦皮。吉曰暖靶。凡桦木。关外产辽阳。北土繁生遵化。西陲繁生临洮郡。闽、广、浙亦皆有之。其皮护物。手握如软绵。故弓靶所必用。即刀柄与枪干亦需用之。其最薄者。则为刀剑鞘室也。

凡牛脊梁每只生筋一方条。约重三十两。杀取晒干。复浸水中。析破如苎麻丝。胡虏无蚕丝。弓弦处皆纠合此物为之。中华则以之铺护弓干。与为棉花弹弓弦也。凡胶乃鱼脬杂肠所为。煎治多属宁国郡。其东海石首鱼。浙中以造白鲞者。取其脬为胶。坚固过于金铁。北虏取海鱼脬煎成。坚固与中华无异。种性则别也。天生数物。缺一而良弓不成。非偶然也。凡造弓初成坯后。安置室中梁阁上。地面勿离火意。促者旬日。多者两月。透干其津液。然后取下磨光。重加筋胶与漆。则其弓良甚。货弓之家。不能俟日足者。则他日解释之患因之。

凡弓弦取食柘叶蚕茧。其丝更坚韧。每条用丝线二十余根作骨。然后用线横缠紧约。缠丝分三停。隔七寸许。则空一二分不缠。故弦不张弓时。可折叠三曲而收之。往者北虏弓弦。尽以牛筋为质。故夏月雨雾。防其解脱。不相侵犯。今则丝弦亦广有之。涂弦或用黄蜡。或不用亦无害也。凡弓两弰系弸处。或切最厚牛皮。或削柔木如小棋子。钉粘角端。名曰垫弦。义同琴轸。放弦归返时。雄力向内。得此而抗止。不然则受损也。

凡造弓视人力强弱为轻重。上力挽一百二十斤。过此则为虎力。亦不数出。中力减十之二三。下力及其半。彀满之时。皆能中的。但战阵之上。洞胸彻札。功必归于挽强者。而下力倘能穿杨贯虱。则以巧胜也。凡试弓力。以足踏弦就地。称钩搭挂弓腰。弦满之时。推移称锤所压。则知多少。其初造料分两。则上力挽强者。角与竹片削就时。约重七两。筋与胶、漆与缠约丝绳。约重八钱。此其大略。中力减十之一二。下力减十之二三也。凡成弓藏时最嫌霉湿。将士家或置烘厨烘箱。日以炭火置其下。小卒无烘厨。则安顿灶突之上。稍怠不勤。立受朽解之患也。

火药料

凡火药以硝石、硫磺为主。草木灰为辅。硝性至阴。硫性至阳。阴阳两神物相遇于无隙可容之中。其出也。人物膺之。魂散惊而魄齑粉、凡硝性主直。直击者硝九而硫一。硫性主横。爆击者硝七而硫三。其佐使之灰。则青杨、枯杉、桦根、箬叶、蜀葵、毛竹根、茄秸之类。烧使存性。而其中箬叶为最燥也。凡火攻有毒火、神火、法火、烂火、喷火。毒火以白砒、硇砂为君。金汁、银锈、人粪和制。神火以硃砂、雄黄、雌黄为君。烂火以硼砂、磁末、牙皂、秦椒配合。飞火以硃砂、石黄、轻粉、草乌、巴豆配合。劫营火则用桐油、松香。此其大略。其狼粪烟昼黑夜红。迎风直上。与江豚灰能逆风而炽。皆须试见而后详之。

火器

西洋炮。熟铜铸就。圆形若铜鼓。引放时。半里之内。人马受惊死。红夷炮。铸铁为之。身长丈许。用以守城。中藏铁弹并火药数斗飞激二里。膺其锋者为齑粉。凡炮爇引内灼时。先往后坐千钧力。其位须墙抵住。墙崩者其常。

大将军。二将军。佛郎机。

三眼铳。百子连珠炮。

地雷。埋伏土中。竹管通引。冲土起击。其身从其炸裂。所谓横击。用黄多者。

混江龙漆固皮囊。裹炮沉于水底。岸上带索引机。囊中悬吊火石火镰。索机一动。其中自发。敌舟行过。遇之则败。然此终痴物也。

鸟铳。凡鸟铳长约三尺。铁管载药。嵌盛木棍之中。以便手握。凡锤鸟铳。先以铁挺一条大如筋者为冷骨。裹红铁锤成。先为三接。接口炽红。竭力撞合。合后以四棱钢锥如筋大者透转其中。使极光净。则发药无阻滞。其本近身处。管亦大于末。所以容受火药。每铳约载配硝一钱二分。铅铁弹子二钱。发药不用信引。孔口通内处露硝分厘。捶热苎麻点火。左手握铳对敌。右手发铁机逼苎火于硝上。则一发而去。鸟雀遇于三十步内者。羽肉皆粉碎。五十步外方有完形。若百步则铳力竭矣。鸟枪行远过二百步。制方仿佛鸟铳。而身长药多。亦皆倍此也。

万人敌。凡外郡小邑。乘城却敌。有炮力不具者。即有。空悬火炮而痴重难使者。则万人敌近制随宜可用。不必拘执一方也。盖硝、黄火力所射。千军万马立时糜烂。其法用宿干空中泥团。

上留小眼。筑实硝黄火药。参入毒火、神火。由人变通增损。贯药安信而后。外以木架匡围。或有即用木桶而塑泥实其内郭者。其义亦同。若泥团必用木匡。所以防掷投先碎也。敌攻城时。燃灼引信。抛掷城下。火力出腾。八面旋转向内时。则城墙抵住。以伤我兵。旋向外时。则敌人马皆无幸。此为守城第一器。而能通火药之性。火器之方者。聪明由人。作者不上十年。守土者留心可也。

曲蘖第十七

宋子曰。狱讼日繁。酒流生祸。其源则何辜。祀天追远。沉吟商颂、周雅之间。若作酒醴之资曲蘖也。殆圣作而明述矣。惟是五谷菁华变幻。得水而凝。感风而化。供用岐黄者神其名。而坚固食羞者丹其色。君臣自古。配合日新。眉寿介而宿痼怯。其功不可殚述。自非炎黄作祖。末流聪明。乌能竟其方术哉。

酒母

凡酿酒。必资曲药成信。无曲即佳米珍黍。空造不成。古来曲造酒。蘖造醴。后世厌醴味薄。遂至失传。则并蘖法亦亡。凡曲麦、米、面。随方土造。南北不同。其义则一。

凡麦曲。大小麦皆可用。造者将麦连皮井水淘净。晒干时宜盛暑天。磨碎。即以淘麦。水和作块。用楮叶包扎。悬风处。或用稻秸罨黄。经四十九日取用。造面曲。用白面五斤。黄豆五升。以蓼汁煮烂。再用辣蓼末五两。杏仁泥十两和踏成饼。楮叶包悬。与稻秸罨黄。法亦同前。其用糯米粉。与自然蓼汁溲和成饼。生黄收用者。罨法与时日。亦无不同也。

其入诸般君臣与草药。少者数味。多者百味。则各土各法。亦不可殚述。近代燕京则以薏苡仁为君。入曲造薏酒。浙中宁、绍则以绿豆为君。入曲造豆酒。二酒颇擅天下佳雄。凡造酒母家。生黄未足。视候不勤。盥拭不洁。则疵药数丸。动辄败人石米。故市曲之家。必信著名闻。而后不负酿者。

凡燕、齐黄酒曲药。多从淮郡造成。载于舟车北市。南方曲酒。酿出即成红色者。用曲与淮郡所造相同。统名火曲。但淮郡市者打成砖片。而南方则用饼团。其曲一味。蓼身为气脉。而米麦为质料。但必用已成曲酒糟为媒合。此糟不知相承起自何代。犹之烧矾之必用旧矾滓云。

《中国历代经典宝库》总目

第一辑

01. 论语——中国人的圣书
02. 孟子——儒者的良心
03. 大学·中庸——人性的试炼
04. 易经——卜辞看人生
05. 尚书——华夏的曙光
06. 诗经——先民的歌唱
07. 礼记——儒家的理想国
08. 左传——诸侯争盟记
09. 老子——生命的大智慧
10. 庄子——哲学的天籁

第二辑

11. 史记——历史的长城
12. 战国策——隽永的说辞
13. 资治通鉴——帝王的镜子
14. 洛阳伽蓝记——净土上的烽烟
15. 贞观政要——天可汗的时代
16. 东京梦华录——大城小调
17. 宋元学案——民族文化大觉醒
18. 明儒学案——民族文化再觉醒
19. 通典——典章制度的总汇
20. 文史通义——史笔与文心

第三辑

21. 墨子——救世的苦行者
22. 孙子兵法——不朽的战争艺术
23. 列子——御风而行的哲思
24. 荀子——人性的批判
25. 韩非子——国家的秩序
26. 盐铁论——汉代财经大辩论
27. 淮南子——神仙道家
28. 抱朴子——不死的探求
29. 世说新语——六朝异闻
30. 颜氏家训——一位父亲的叮咛

第四辑

31. 楚辞——泽畔的悲歌
32. 乐府——大地之歌
33. 文选——文学的御花园
34. 唐代诗选——大唐文化的奇葩
35. 唐宋词选——跨出诗的边疆
36. 唐宋八大家——大块文章
37. 唐代传奇——唐朝的短篇小说
38. 元人散曲——蒙元的新诗
39. 戏曲故事——看古人扮戏
40. 明清小品——性灵之声

第五辑

41. 宋明话本——听古人说书
42. 水浒传——梁山英雄榜
43. 三国演义——龙争虎斗
44. 西游记——取经的卡通
45. 封神榜——西周英雄传奇
46. 儒林外史——书生现形记
47. 红楼梦——失去的大观园
48. 聊斋志异——瓜棚下的怪谭
49. 镜花缘——镜里奇遇记
50. 老残游记——帝国的最后一瞥

第六辑

51. 山海经——神话的故乡
52. 说苑——妙语的花园
53. 神仙传——造化的钥匙
54. 高僧传——袈裟里的故事
55. 文心雕龙——古典文学的奥秘
56. 敦煌变文——石窟里的老传说
57. 六祖坛经——佛学的革命
58. 明夷待访录——忠臣孝子的悲愿
59. 闲情偶寄——艺术生活的结晶
60. 天工开物——科技的百科全书